高等院校
通识教育“十二五”规划教材

新编安全教育

庞若通 主编
韩希民 史凤强 梁厚友 闫清忠 副主编

人民邮电出版社
北京

图书在版编目（CIP）数据

新编安全教育 / 庞若通主编. -- 北京 : 人民邮电出版社, 2015.11
高等院校通识教育“十二五”规划教材
ISBN 978-7-115-40675-0

Ⅰ. ①新… Ⅱ. ①庞… Ⅲ. ①安全教育－高等学校－教材 Ⅳ. ①X925

中国版本图书馆CIP数据核字(2015)第238680号

内 容 提 要

本书共 12 章，主要内容为大学生安全教育的含义、公共安全教育的意义、遵守学校安全管理、正确处理校园人际关系、建立积极的人生观、增强人身安全意识、网络安全人人有责、保护好财物安全、安全隐患的应对措施、学会如何自救、安全出行牢记心中、保障实习的合法权益。

本书以案例加分析的写作方法，深度剖析了当前高校所面临的各种复杂案件，介绍了高校中存在的各种不安全因素，从而使本书具有较强的可读性和实用性。本书旨在避免大学生在校期间受到各种人身、情感及经济上的损害，同学们可以通过阅读本书，掌握基本的自救技能，提高遇险时的应变能力以及遇到挫折时的自我调节能力。

特别需要指出的是，本书介绍的网络安全、保障实习的合法权益和心理健康部分是目前各高校日益突出且缺乏实际解决手段的问题。对于同学们来说，具有很大指导意义。

本书可作为高等院校进行安全教育的教材，也可供从事安全教育的工作者学习参考。

◆ 主　　编　庞若通
副 主 编　韩希民　史凤强　梁厚友　闫清忠
责任编辑　王亚娜
责任印制　焦志炜

◆ 人民邮电出版社出版发行　　北京市丰台区成寿寺路 11 号
邮编　100164　　电子邮件　315@ptpress.com.cn
网址　http://www.ptpress.com.cn
固安县铭成印刷有限公司印刷

◆ 开本：700×1000　1/16
印张：12.5　　2015 年 11 月第 1 版
字数：219 千字　　2015 年 11 月河北第 1 次印刷

定价：28.00 元

读者服务热线：(010)81055256　印装质量热线：(010)81055316
反盗版热线：(010)81055315

本书编委会

主　　编：庞若通

副 主 编：韩希民　史凤强　梁厚友　闫清忠

前言

Preface

高等院校既是培养高级专业人才的摇篮，也是社会的重要教育机构。随着我国高等教育的迅速发展，高校办学规模不断扩大，校园社会化现象日趋明显，高校与社会的接触日趋增多，社会上的不良现象在校园里不断凸现，一些治安案件在高校时有发生。加强对大学生的安全防范教育和遵纪守法教育，使大学生自觉树立安全防范意识和自觉遵纪守法意识，成为目前高校学生管理工作中的一项重要任务。

安全问题，必须警钟长鸣，防范于未然，要时时防范“万一”，大学生更应该加强安全意识，时刻培训自己的安全意识，掌握更多的安全技能。

从对大学生中一些常见案件的分析来看：一些大学生虽然文化知识水平较高，但因他们涉世未深，社会经验不足，缺乏安全防范意识，法制观念意识淡薄，从而导致一些案件的发生。统计表明：发生在大学生中的失窃和上当受骗案件占大学生中发生的治安案件的 75%以上。而这些案件绝大多数是由于大学生自身安全防范意识淡薄，思想麻痹、财物保管不当，轻信他人，交友不慎而造成的。一些诈骗案件的作案人利用一些大学生容易动恻隐、怜悯之心，还有个别大学生贪图小利、爱慕虚荣，编造谎言骗取被害人的信任，如假冒身份、骗取同情达到骗财骗物的目的；一些大学生通过上网结交朋友，由于缺乏识别能力而上当受骗，尤其个别女生交友不慎，不仅被骗钱财，还为此遭到性侵害；有的大学生忽视交通安全，造成安全事故，留下终身遗憾；有的大学生违反学校的规章制度，在宿舍内违章使用电器，酿成火灾事故；有的大学生放松对自己世界观的改造，养成小偷小摸的恶习，久而久之，滑向犯罪的深渊；有的大学生政治立场不坚定，在政治问题上迷失了方向，为敌所用；有的大学生误入邪教，荒废学业，酿成人生悲剧。

以上情况表明，树立安全防范意识和养成良好的自觉遵纪守法意识对当今大学生顺利完成学业、提高综合素养是非常重要的。加强对大学生的安全防范教育和遵纪守法教育是非常必要的，也是学校开展学生教育管理工作的基本内容。在此，我们通过资料收集，把一些发生在大学生身边的典型安全事故及相关理论分析整理成书，供大家学习。希望同学们能够提高警惕，树立安全防范意识，自觉做到遵纪守法。

我们在编写的过程中，严格遵守教育部和相关部门的规定，深入学习研究高校安全教学的目的、任务和特点，充分听取教材使用单位的意见，本着教材的编写既要符合安全教育规律、教学指导思想和育人目标的要求，又要适应高校安全教育学科的客观实际，对教材的结构、内容进行筛选，使其更具有科学性、理论性和实用性。

本书由庞若通主编，韩希民、史凤强、梁厚友、闫清忠任副主编。在此也感谢所有关心和支持本教材编写和出版的领导和老师。

限于编者水平，书中不妥之处在所难免，敬请读者指正。

编　者

2015 年 9 月

目录

Contents

第1章 大学生安全教育的含义

Chapter 1

随着社会经济的发展，高等院校面临复杂的社会环境，校园社会化趋势日益明显，各种商业性质的商店、饭店、网吧等遍布校园内及周边地区，校园逐渐成为一个开放的教育园区。这使得大学生的安全环境也在发生着深刻的变化：一方面，校园日益暴露在社会环境之中，一些不健康因素与恶习流入校园，使校园环境不安全因素日益增多，学生与社会接触频繁，增加了不安全事故发生的概率；另一方面，一些大学生法律和安全知识缺乏，对社会安全问题认识不全面，自我保护意识差，不安全因素时刻都在危及他们的人身和财产安全。因此，大学生接受安全教育、掌握安全知识十分必要。

第一节　为何要加强安全教育

大学生安全教育，是指高等院校为了维护正常的管理、教学秩序，使大学生增强安全防范意识，提高自我保护和心理调节能力，确保大学生的人身、财产安全和身心健康不受侵害，依照国家有关法律法规，制定各种安全教育与管理规章制度，加强对大学生进行国家法律法规、学校安全规章和纪律、安全知识与防范技能的教育与管理、演练与培训活动的总称。

一、大学生接受安全教育的必要性

从大学生的成长过程来看，他们从小在父母等亲人的呵护中长大，没有接受过系统的安全知识教育，缺少必要的安全知识，对社会安全问题认识不透彻；从大学生自身能力上看，他们依赖性比较强，缺乏解决各种复杂问题和矛盾的能力，社会阅历浅，承受能力差，自我保护意识差。如果他们不接受安全方面的知识和能力的培养，就很可能在未来的职业生涯中遇到重重困难，从而最终导致遭受挫折，在漫长的人生道路上留下遗憾。

从大学生现状来看，一方面，受成长过程和社会环境不良风气影响，少数高校大学生私欲过度膨胀，甚者道德沦丧，不惜以身试法，这些不仅使他们自己处于不安因素的笼罩中，随时会陷入欲望的陷阱中不能自拔，而且也会使他人的安全受到威胁，增加社会不安因素而引发个人或者社会危机爆发的几率。大学生是社会的一个特殊群体，这里不乏精英，但是近年来大学生犯罪的报道频现各类媒体，且犯罪案件及人数逐年上升，犯罪类型也逐步走向多样化和智能化。一些被人们视为高智商、高素质、高层次的大学生因触犯刑律而锒铛入狱，不仅使父母、师长蒙羞，还断送了自己的前程。另一方面，大学生缺乏必要的法律和安全知识，对社会规范知之甚少，对不安全因素的防范意识差，这些都给犯罪分子对大学生实施犯罪以可乘之机。

二、大学生应掌握的安全知识

大学生作为一个特殊的社会群体，其生理和心理还不够成熟。一方面，高等院校必须加强安全知识普及力度，帮助大学生树立正确的社会和校园安全观；另一方面，大学生自身也应该主动掌握以下几个方面的安全知识。

（1）国家安全和校园稳定的意识和知识，包括保持政治敏锐性，提高警惕性，维护国家安全，保守国家秘密，防破坏、渗透方面的知识，国家法律法规等方面的具体知识。

（2）日常生活安全知识，主要包括防盗窃、防抢劫，防诈骗、防伤害、防性骚扰、防食物中毒，警惕传销骗局、加强治安防范等。

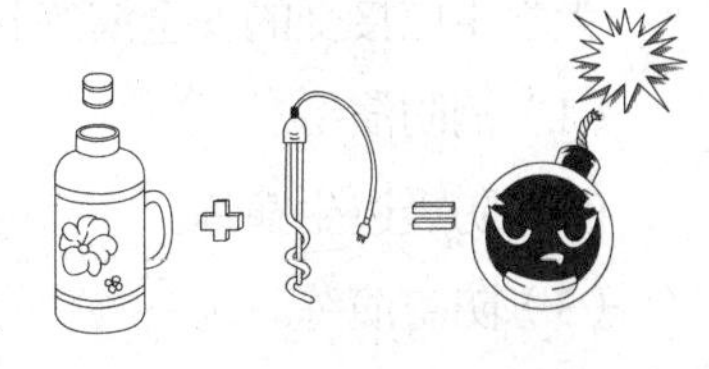

（3）交通安全知识，主要包括外出骑车、乘坐交通工具安全知识、旅行交通安全知识、安全驾驶等。

（4）消防安全知识，主要包括用电、用火安全知识，以及火灾发生时报警、灭火器使用、保护自身安全、自救和逃生知识。

（5）公共安全和防范自然灾害安全知识，主要包括公共突发事件应对和预防雷电、地震、泥石流、滑坡、冰雪、洪水、高温天气的知识等。

（6）科学利用网络安全知识，主要包括预防网络不良信息、计算机病毒、网络欺诈、交友陷阱、信息安全等知识。

（7）生命教育和心理调节知识，主要包括培养自身抗挫折能力，心理调节能力，防自杀、自残，防吸毒等。

（8）学习、实验、实践、就业环节中的安全知识，主要包括文体活动安全、实验操作安全、防有毒物质接触、户外写生安全、防就业陷阱、外出打工维权等。

三、认真参加安全演练　增强风险防范能力

大学生必须参加安全演练和培训，通过安全演练可以提高大学生应对灾害事故的能力，锻炼提高各相关指挥机构和各救援力量处置灾害的能力，确保在面对灾害事故发生的时候，大学生可以灵活应对，采取措施保护自己和他人，尽量减少灾害事故造成的损失。

1. 大学生必须认真积极参加安全演练和培训

安全演练可以帮助那些平时缺少安全知识的学生增强对安全的认识，提高他们面对灾害事故时的应对能力。实践证明，安全演练和培训可在灾害事故发生时大大减少人员伤亡和财产损失。例如，在汶川大地震中，桑枣中学两千多名师生无一死伤全部成功逃生，这要归功于该校校长叶志平对演练工作的重视。桑枣中学每学期都要组织一次全校师生紧急疏散演练。演练时每个班级的疏散路线都是划定好的，在每个班级内，前四排学生走教室前门、后四排学生走后门也是规定好的。虽然这样做有的学生觉得好玩，有的

老师觉得小题大做，可是该校校长叶志平不为所动坚持演练。在 2008 年 5 月 12 日 14 时 28 分大地震发生时，这种紧急疏散演练保证了全校师生能够顺利逃生。

大学生应接受的安全演练和培训主要有以下几方面。

（1）消防演练。

（2）防震逃生演练。

（3）防空演练。

（4）急救知识的培训。

（5）野外生存技巧的培训。

（6）心理健康知识的培训。

（7）求职安全培训。

参加演练活动要严肃认真，绝不能认为是走过场、搞形式而敷衍了事。

2. 大学生应具备的安全防范能力

（1）要有对坏人的防范能力。

随着社会发展，坏人骗人的伎俩越来越高明，越来越智能化，而生存在象牙塔内的大学生却缺少对社会复杂性的认知，缺少必要的安全知识，以致在坏人面前屡屡受到伤害，影响了大学生个人财产安全、身体健康和生命安全。如果大学生掌握和具备对坏人的识别能力，在学习、生活和社会实践中就能够未雨绸缪，避免许多事故的发生，最大限度地减轻损失。

（2）要具有对不明信息、诱惑、陷阱的识破能力。

近年来，不明信息诈骗、诱骗、网络陷阱日益增多，特别是信息技术的快速发展，大学生平时接触这方面的信息又多于普通人群，所以是这方面犯罪的主要受害群体。作为大学生必须有对不明信息、诱惑、陷阱的识别能力，一方面是防止网络、手机短信诈骗陷阱，另一方面是保持高度的政治警惕，防止国外敌对势力对我国政治稳定的破坏和国家秘密的窃取。

（3）要有对所处外部环境潜在危险保持敏锐的能力。

绝大多数危险都是有前兆的，大学生必须有敏锐和清醒的头脑，时刻对外部环境存在的潜在危险保持警惕。“祸兮福之所倚，福兮祸之所伏。”福和祸两个因素即是相互渗透的，又是相互转化的。一方面，即使处于安全环境，也要居安思危，理性面对安全问题，避免不必要的危险发生；另一方面，对外部环境潜在危险时刻保持警惕和敏感，这有利于及时发现安全隐患，采取必要措施，减少人员伤亡和财产损失。

（4）要有抗挫折和进行自我心理调节的能力。

据报道，2003 年至 2008 年，广东省高校共发生学生自杀事件 75 例，其中男性为 47 人，女性为 28 人。自杀原因前 3 位分别为生理疾病、情感问题和学习压力，占了 80%。对于大学生心理问题日益增多的现象，学校必须及时采取措施加以引导，及时帮助大学生走出心理阴影。而大学生自身也必须有抗挫折和进行自我心理调节的能力，通过自己的调节和老师、朋友的帮助走出挫折，重新找到人生目标。有一首诗写到："我们无法改变人生，但我们可以改变人生观；我们无法改变环境，但我们可以改变心境。"大学生必须有一个良好的心态和足够的勇气去面对挫折，要以对自己、对家庭、对学校、对社会高度负责的态度，及时找到遭受挫折的原因，进行自我心理调节，用最好的精神状态面对未来的人生之路。

（5）要有对已发生的危险情况积极应对的能力。

每个大学生在成长的过程中都可能会遇到危险，都会面临处理危急情况的考验，这就要求大学生平时注重学习积累各种安全知识，熟悉各类紧急情况的处理程序和注意事项，临危不乱，利用身边有利条件和积极因素将所掌握知识运用好、发挥好，最大程度地减少损失和伤害，这种能力越是在关键时刻越能体现它的价值。例如，2008 年 5 月的汶川大地震，很多被埋在废墟底下的人凭借自己的经验，成功地赢得了救助，创造了生命的奇迹，但其中也不乏有些人因为缺少安全知识而没有坚持到最后。

第二节　如何树立正确的安全意识

在校期间，大学生除了正常的学习生活外，还要走出学校参加各种各样的社会活动。在这样的情况下，学生作为弱势群体往往成为犯罪分子伤害的对象。缺乏社会经验，尤其是缺乏安全意识的学生们，就成为各种不安全问题和案件的受害者。加强大学生的安全教育，不断增强大学生的安全意识和自我保护防范能力，已经成为社会的共识，有着迫切的必要性。

一、大学生应树立的安全意识

随着改革开放的不断深入，高等教育和校园对社会的开放程度越来越高。大学生所面临的各种不安全因素在逐年增多，大学生受到的非法侵害案件和有关大学生的安全事故数目也在逐年上升。如果大学生因为安全问题出现意外，不仅个人的学业、身心健康、财物受到影响，而且会给家庭带来不安和痛苦。因此，大学生在校期间，要认真学习安全知识，树立安全意识，增强自我保护能力，做到居安思危、思则有备、备则无患。

1. 遵纪守法和文明修身的意识

大学生要树立安全意识、安全观念，首先是加强自身修养和提高法律意识，要学法、懂法、用法；其次是强化文明修身的意识，提高自己的道德素质，避免因自身的素质问题陷入冲突之中，使自身受到不安全因素的威胁。

2. 对安全形势认知的意识

安全隐患早知道，就是要对社会安全形势有一个全面的认知。虽然当前社会安全形势总体上基本稳定，校园安全状况要好于社会整体水平，但随着经济发展和社会的不断转型，大学生所处的安全环境也在发生变化，面临的安全形势应引起重视，学生自身更应树立对安全形势有正确认知的意识。

3. 自我防范的意识

当前社会治安形势总体稳定，但也不可避免地在某些局部领域还存在许多不安全因素，这就要求大学生树立自我防范意识，对安全隐患要早有心理准备，早预案，做好自我保护，尽量避免不安全因素对自身的伤害。

4. 面对突发事件应变的意识

不安全事故的发生有些是没有预兆的，这就要求大学生要有面对突发事件应变的意识。这方面意识的培养，有利于大学生在面对突发事件的时候在最短的时间内作出判断，第一时间采取措施帮助自己和别人脱离危险，而不是因害怕、应变能力不够丧失了逃生和减少损失的机会。这方面的意识，需要在平时注重加强相关安全知识储备以及应变能力的培养。

5. 维护国家安全的意识

公民有维护国家安全的责任和义务，大学生作为国家未来的建设者和可靠接班人更要有这种意识，要保持高度警惕，对国家秘密严格保守，维护好国家安全，不透露任何涉及国家安全的信息，在面对危害国家安全的行为时要勇于承担责任和义务，坚决制止，及时揭露，用智慧保护国家安全。

6. 自我调节能力培养的意识

挫折是大学生成长过程中不可避免的问题，大学生要正确看待挫折，要具备积极应对挫折的心理意识。首先，要树立正确的人生观、价值观，培养责任意识，学会冷静、辩证分析问题，克服困难；其次，要培养健康的心理品质和心理承受能力，自我调节心态，克服心理障碍，避免情绪极端化。

二、正确判断安全环境

改革开放在促进我国经济社会快速发展的同时，也带来一些腐朽、消极的东西。受西方文化和价值观念的影响，当前社会呈现出多种思想观念并存的局面；由计划经济向市场经济变革中，我国社会经济成分、分配方式、就业方式以及人们的生活方式日益多样化；经济全球化和网络的普及给“黄、赌、毒、邪”等腐朽落后文化和有害信息的传播提供了便利，一些消极的、腐朽的、落后的东西沉渣泛起。错综复杂的局势，使大学生对现实的评判、对社会与个人前途的期望发生了比较的大变化。父母的溺爱以及对家庭和他人的过分依赖致使当今大学生的独立生活能力普遍较差。大学生在一些日常生活中的矛盾面前显得无所适从；在思考成才道路与人生规划的过程中往往经历着种种内心自我评价与认知的矛盾和迷惘。这就需要大学生对客观环境和主观条件进行及时分析和判断，以减少不安全因素的侵扰。

1. 大学生面临的安全问题

大学生面临的安全问题主要有以下十个方面：一是人身安全；二是财产安全；三是交通安全；四是生理安全；五是消防安全；六是心理安全；七是网络信息安全；八是国家安全；九是学习和社会实践活动安全；十是违法犯罪以及公共突发事件等不安全因素。

2. 目前社会治安形势的基本情况

当前，社会治安总体形势稳定，但还是存在诸多不安全因素：经济犯罪案件增多，带有“黑社会”性质的犯罪时有报道，智能犯罪、技术犯罪数量有所增长，网络犯罪等各种形式的违法犯罪活动也时有发生，毒品交易、卖淫嫖娼、非法传销等犯罪数量也相对增多；同时地质气象等自然灾害，流行性传染疾病、食品安全、火灾、公共安全等事故，也给社会安全造成很大影响。

3. 目前高校校园安全的基本状况

大学校园的不安全状况主要表现在以下六个方面：一是针对大学生的盗窃、诈骗等刑事犯罪活动有所增加；二是大学生伤人的恶性事件时有发生；三是校园不稳定事件时有发生；四是网络犯罪率上升较快；五是侵害女大学生的案件不断出现；六是心理疾病造成在校大学生轻生和出走人数增多。

三、校园事故分类　灾害原因分析

1. 高校大学生灾害事故主要种类

在高校校园内外可能发生的灾害事故种类繁多，按照不同的分类方法可分为以下几种类型。

（1）按事故发生的具体场所分类。

① 校园内灾害事故：指大学生在校园内因自然或人为原因，导致生命财产遭受损失的事件。

• 住宿生活区事故：指发生在学生住宿楼内的灾害事故，如火灾、触电、开水烫伤、摔伤、高空坠物砸伤、财物被盗、打架斗殴、坠床、睡梦中猝死等；发生在食堂及其他个体饮食经营场所的食物中毒、酒精中毒；发生在校园内学生活动中心、咖啡厅及其他娱乐场所的灾害事件，如打架斗殴、财物被盗、踩踏、挤伤等。

• 教学试验区事故：常指发生在教学楼、实验楼内的相关灾害事故，如教学楼等建筑物倒塌引起的伤亡事故，因拥挤发生的人员踩踏，因地面防滑处理不当引起的人员摔伤，因实验和实习环节操作不当、管理不善而引起的烧伤、外伤、中毒、危险品丢失等事件。

• 运动场所区事故：指发生在校园内所有运动场所内的灾害事故，如球场上、体操馆内运动人员摔伤、撞伤、骨折、中暑、斗殴，运动会中运动员突然昏厥死亡，游泳池溺水事故等。

• 其他事故：如自杀、他杀、校园内骑车行走不慎摔倒或被各种车辆撞伤，校医院就诊过程中出现事故等。

② 校园外灾害事故：指大学生在校园外因自然或人为原因，导致生命财产遭受损失的事件，如外出乘车、购物、就餐、娱乐、旅游、探险、野外实习等所遭遇到的车祸、溺水、人身伤害、绑架、抢劫、被骗、食物中毒、传染病、误入传销组织等灾害，以及学生因在校园外私自租住房屋内发生的灾害事故等。

（2）按引发事故的原因分类。

① 自然原因引发的灾害事故：如因发生地震、山体滑坡、崩塌、雪崩、泥石流、台风、海啸、洪水、雷电等自然灾害，导致处于灾害区范围内的学校及师生遭受人身伤害或财产损失的事件。

② 人为原因引发的灾害事故：如因检查不严、管理不善、经费不足，违规操作、莽撞蛮干、蓄意报复、人际关系、感情等因素，引发的火灾、食物中毒、打架斗殴、杀人偷盗、房屋垮塌等人员伤亡或财产损失事故。

2. 高校灾害事故的主要原因

导致高校发生安全事故的原因很多，概括起来主要有以下几方面。

（1）不可抗拒因素。

有些学校地处各种自然灾害的多发区，当自然灾害发生时，学校不可避免地会受到影响，如果这些学校对常发自然灾害没有足够的认识，在学校硬件建设上没有针对性的预防措施，对师生没有进行相关防灾减灾知识教育，这样的事故引起的伤害就会很大，造成的社会影响就会特别突出。例如，2008 年汶川大地震中，部分当地小学在建设的时候没有科学选址，在地震中被泥石流冲垮、埋没，也有部分教学楼因建筑质量不佳而垮塌，造成大量学生伤亡。

（2）办学经费不足，监管力度不够。

由于近几年高校扩招，学校基础建设投入较大，导致有些学校办学经费不足，教学楼、宿舍及其他教辅场所建筑年久失修，使用过程中随时都可能发生事故。学校对教学、生活的各个环节监管不力，也容易导致灾害的发生。例如，后勤部门对食堂的监管不力，可能会导致食堂卫生不达标，师生因食用了过期变质的食物而发生食物中毒。对教学设施设备监管不力，会致使设施设备被破坏偷盗，影响正常教学，构成财产损失等。

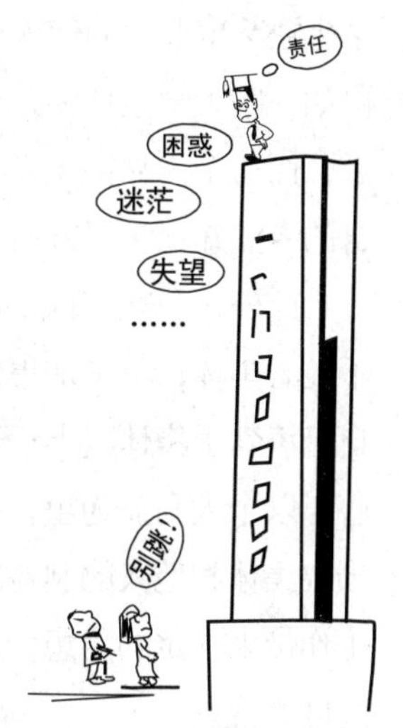

（3）重视程度不够，麻痹大意。

在高校扩招这几年，学校在基础设施和硬件建设上投入的精力较大，在一定程度上忽视了校园的安全管理，对校园安全隐患未能给予足够的重视，对学校师生员工的安全教育强化不够。学生因在校外租房，在餐饮娱乐场所饮酒过量，或通宵上网等导致的意外伤亡事件和因在学校宿舍违规用电、吸烟、在床头点蜡烛熬夜读书等引发的火灾事故时有发生。这与学校对安全工作重视不足，对学生的教育和管理力度不够有直接原因。

（4）高校少部分师生存在心理问题。

当前高校教师面临教学工作量大、社会活动多、科研任务重、职称评定等方面的压力越来越大，职业道德的要求使得教师难以和一般人一样在日常生活中放松自己，部分教师身心时常处于亚健康状态，脾气急躁，心情浮躁。学校不重视教师心理疏导，忽略了协调师生关系的重要性，师生之间的关系紧张。因教师课堂管理不当，例如教师不慎使用侮辱性的语言，对学生进行人身攻击，导致学生离校出走、自杀或报复性事件时有发生。此外，学校师生因个人感情问题出现的自杀、伤害事件近几年也屡见不鲜。对学生来说，学习任务繁重，面临着经济、就业等各方面的压力，因不能适应新的学习生活环境，缺乏人际沟通的技巧，不善人际交往，不懂如何正常地与他人相处等引起的心理疾患呈上升趋势。高等学校中经常出现学生因个人心情不畅而蓄意破坏他人或学校财物、设施的事件。而心理失衡积累到一定程度，则往往导致意想不到的事故发生。

（5）大学生个体价值取向原因。

当前，大学生的价值取向日趋多样，一些学生产生困惑、苦恼和迷惘，这是社会价值观演变在高校校园里的典型反映。应该肯定的是，绝大部分大学生的价值取向主流是积极向上的，是符合社会主义核心价值体系要求的。但不可否认，少部分人的价值取向出现了偏差，最终影响了学生安全，直接导致个人安全事故的发生。如少数大学生缺乏事业上的追求，缺乏社会责任感，缺乏诚信，缺乏严肃刻苦追求知识的美德。再如一些大学生认为，个人价值的实现，仅决定于个人的学识、才能、机遇和人际关系，而与个人品德无直接关系，故出现了“重才轻德”的倾向，只把精力放在加强自身的专业知识学习方面，而在个人道德修养和公共道德规范方面出现滑坡。

此外，大学生的价值个体意识多样化同样也表现出一些不良倾向，如少数大学生，不关心集体，不参加集体活动，置群体意识而不顾，把自己凌驾于集体之上；还有个别大学生凡事以自我为中心，以个人利益为重，甚至为了达到自己的目的，不惜损害集体和他人的利益等。以上因素必然会给校园安全工作带来一定的隐患，应该引起各高等院校和大学生的高度重视。

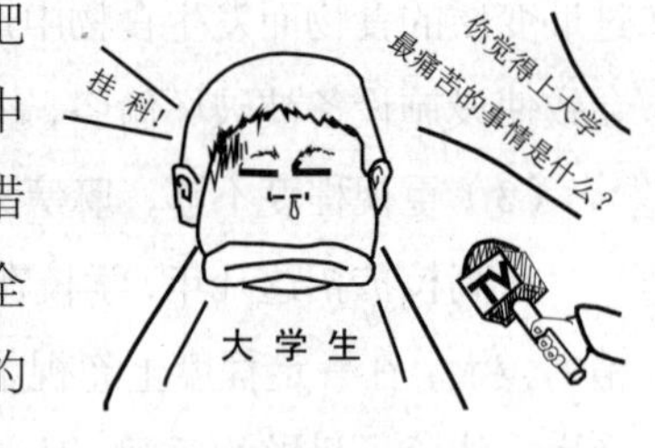

影响大学生安全的价值取向主要表现为以下几种类型。

① 实用主义思想，办事讲求实际，强调实用，选择实惠，只看效果，不注重手段的选择，缺乏对终极价值的追求。

② 不畏权威，有强烈的自我意识，能够用自己独特的眼光审视世界、审视自己、审视生活，从而做出自己的选择。

③ 没有个人确定的价值取向，一切追随他人，不断更换自己的思想、观念和行为。

④ 缺乏超越意识和自我意识，不承认一切价值。

思考题

1. 大学生怎样看待维护校园稳定的重要性？

2. 你怎样看待当代大学生价值观念的变化对大学生人身安全的影响？

第2章 公共安全教育的意义

Chapter 2

近年来，我国大学生安全事故时有发生，显示出我国大学公共安全教育的薄弱。调查发现，当前大学安全教育不仅时间不足、资源匮乏，而且实际演练较少，并且存在明显的城乡差距，同时教师本身也比较缺乏安全教育的知识和技能，这说明部分学校对公共安全教育重视不够，课程设置比较零散甚至没有安全教育课程，公共安全教育实施随意性强，缺乏系统性与规范性。

第一节　树立科学观念

世界各国的发展经验表明，当一个国家的人均国内生产总值（GDP）处于1 000~3 000美元阶段时，往往对应着各种矛盾的紧张和激化，其中，由贫富悬殊引发的社会矛盾最为突出，往往“是经济容易失调、社会容易失序、心理容易失衡、社会伦理需要调整重建的关键时刻，也是突发公共事件的高危时期”。目前，我国正处在这样的关键时刻，我国政府及时提出了科学发展观和构建和谐社会的重要任务，然而邪教、封建迷信、伪科学正成为构建和谐社会进程中极不和谐的音符。大学生和青少年是祖国的未来希望，也是一些邪教组织妄图争取的对象，作为青少年学生应该崇尚科学，反对封建迷信，远离邪教。

一、珍爱生命　拒绝邪教

邪教组织是指冒用宗教、气功或者其他名义建立机构，神化其首要分子，利用制造、散布迷信邪说等手段蛊惑、蒙骗他人，发展、控制其组织成员，危害社会的非法组织。邪教组织利用各种手段对其信众进行洗脑。刚开始，用各种貌似正义、善良的一面诱导无知的人加入其组织，继而长期对信众进行洗脑控制，使信众慢慢失去判别能力和自制力而无法自拔。邪教一般出于两个目的，即“权”和“钱”。所以邪教组织发展到后来，其头目为了达到自己的欲望必定会想方设法让其他信众铤而走险，危害社会，走上不归路。

大学生和青少年正处于思想认识比较浅薄、判别是非的能力差、没有社会经验、警惕性和自我防护能力比较弱的年龄段，他们看问题既不全面，也不深刻。邪教组织常常会以惯用的手法，利用青少年心理的特点，运用青少年非常喜爱的网络、图书及信息来编造“世界末日就要来到”、“地球要爆炸”、“大灾大难即将来临”等邪说恐吓和诱骗青少年，制造思想混乱。一些青少年若接触邪教，就会很容易相信其歪理邪说，对人生产生害怕，对未来缺少信心，对学习产生厌倦。人一旦产生信仰危机，就很容易被邪教组织控制和利用，有的会拜师，有的会出现异常举动，甚至出现伤人或自残行为，对身心健康和个人前途发展产生极为不良的影响。

1. 大学生预防邪教侵害的要点

（1）相信科学。

遇到疾病找医生，遇到困难找政府；亲友邻里要积极鼓励、相互帮助、宽容体谅、共度难关，绝不相信迷信、依靠邪教。

（2）预防疾病。

倡导文明健康生活方式，养成良好的卫生习惯。做到劳逸结合，注意张弛有度，保持良好心态。

（3）科学健身。

积极参加文化娱乐活动，积极参与全面健身活动，选择符合自己年龄特点、身体状况的运动方式来健身（如慢跑、太极拳、八段锦等健身气功等）。

（4）充实精神。

依靠科学技术创造物质文明，物质生活富足了，精神生活也要丰富。要以文化知识充实头脑，以科技信息发财致富，享受人生多彩生活。

2. 大学生发现亲人参加迷信组织应该采取的措施

近年来虽然人们的物质生活水平在不断提高，但由于科普工作没有相应跟上，在一些农村地区，封建迷信活动仍很猖獗，甚至形成了一定规模的组织。青少年学生应成为弘扬科学、破除迷信的先锋，用科学的思想影响身边的人。大学生对参加迷信活动的亲人要积极劝其放弃迷信和邪教活动，脱离迷信或邪教组织，具体做到以下几点。

（1）大力宣传科学知识，增强对邪教的抵抗能力。因为一个没有文化的人，又不懂得科学知识，极易愚昧无知，对封建迷信活动缺乏抵抗能力。

（2）抓住时机，揭露搞封建迷信造成的危害。可用一些正反两方面的事例说服身边的亲人。

（3）要利用科学道理和方法，戳穿封建迷信和邪教活动中一些骗人的把戏，提高亲人的是非鉴别能力。

（4）对偷偷摸摸开展封建迷信活动的组织要向基层政府组织报告。防止亲人参加封建迷信的不法组织。

二、爱我中华　揭批邪教

邪教发展到一定程度都不可遏制地要走向“反宗教、反文化、反科学、反政府、反人类、反社会”。邪教“教主”大都有政治野心，有的一开始就有明确的政治图谋，有的则是在实力壮大后政治野心也随之膨胀。他们不满足于在“秘密王国”实行神权加教权的统治，还要在全国甚至全世界实行神权加教权的统治，组织力量向党和政府施压，以求乱中取胜。因此，我们要树立正确的人生观和价值观，要坚决与邪教作斗争，增强遵纪守法的观念，崇尚科学，热爱生活，珍爱生活，珍惜生活，刻苦学习，努力拼搏，为国争光，做一个对社会有用的人。

1. 邪教组织最本质的特点

（1）鼓吹绝对化或神化教主崇拜，宣称有超自然力量的教主。

（2）宣扬末世论，打着拯救人类的幌子，散布迷信和歪理邪说。

（3）用蛊惑、蒙骗的手段发展成员，对信徒实行精神控制和摧残。

（4）不择手段地聚敛钱财满足私欲。

（5）秘密营私，利用包括恐怖暴力在内的各种手段危害社会。

2. 在生活中遇到邪教宣传应如何应对

面对邪教的宣传和鼓噪，大学生要做到以下几点。

第一，不听、不信、不传。QQ 聊天碰到邪教分子宣传时，不要答话，直接删除，记下 QQ 号，并提醒其他网友共同抵制。接到录音宣传邪教电话时，直接挂机免受蛊惑。收到邪教短信时可到派出所报案或删除，切记不要传播。

第二，坚决揭发邪教的违法活动，及时向公安机关报告。看到张贴的邪教宣传单，及时报告居委会、村委会、派出所或老师。

第三，破除迷信思想，反对宿命论，正确对待生老病死。

第四，正确对待人生坎坷，增强追求美好生活的勇气和信心。

第五，树立科技致富、勤劳致富的思想，依靠自己的双手创造美好的生活。

3. 邪教和宗教的区别

（1）宗教中的人与神都是有区别的，其中神职人员地位再高，也不得自称为神；但邪教主总自称为神、佛之类的。

（2）宗教举行的活动是在公共场所公开的，比如朝圣这样的活动；而邪教则多进行隐秘的活动。

（3）宗教虽然是唯心主义，但却仍主张与社会相适应；而邪教则反人类，反社会。

（4）宗教不允许神职人员骗人钱财；邪教的目的却是大肆掠夺人们的钱财。宗教有自己的典籍和教义；邪教却是纯粹的歪理邪说。

三、心中有科学　识破伪气功

邪教在我国通常冒用宗教、气功或者其他名义建立，他们所谓的气功是伪气功，用气功的幌子蒙骗人，用治病强身诱惑人，用各种把戏吓唬人。我们要用所学的科学知识武装自己的头脑，识别伪气功，不被形形色色的伪把戏所迷惑。

1. 伪气功的形成和泛滥的原因

（1）缺乏必要的科研素质是以“眼见为实”做判定标准的原因，因为缺乏科研素质则分辨不了表演和实验之间的区别，既不懂怎么样采取严格的科研手段来排除与实验无关的各种因素，也没有能力发现表演者如何弄虚作假。

（2）众多媒体层出不穷地推出“超人”、“大师”们所鼓吹的封建迷信和伪科学内容，一些不负责任的媒体和影视作品神乎其神的各种功法，渲染了毫无科学的文化氛围。

（3）前些年，极少数社会名人和科学家仅仅根据某些所谓的气功表演或不符合科学规范的实验结果就相信，表态支持，这不仅误导了广大群众，更为那些“科学界”骗子和伪气功师提供了进一步骗人的条件。

2. 认识伪气功的本质

伪气功的核心是“外气”，它让人们相信的一个重要原因是所谓的发放“外气”治疗（实际是心理暗示治疗）对部分人和部分病的确能产生感觉和效应。那种或热、或凉、或麻、或香的感觉是部分易受暗示的患者能切身体会到的，那种可使偏头痛、癔病性瘫痪等心理因素导致的疾病在治疗当时就产生立竿见影效果的场面，是周围的人可以亲眼见到的。这是使人们相信它的最直接原因。尤其是外气师的手不接触患者就使患者产生感觉效应的表面现象，极容易令缺乏心理学知识的人们得出外气师发出物质性“外气”的判断。

通过实验证实，所谓的发放“外气”治疗不过是以发气作为暗示内容的一种心理暗示疗法而已。心理学早已证实，人的各种感觉都可经暗示产生幻觉，心理暗示疗法对心理因素导致的疾病常可收到立竿见影的效果。采取阻断暗示的措施，让患者不知道外气师给他发气，这时患者就没有任何感觉和效应出现。这无法推翻的铁样事实，无可辩驳地证明了外气师发不出具有超自然力作用的“外气”。

3. 气功健身

气功是通过意识和呼吸的运用，使自身的生命运动处于优化状态的自我锻炼方法。气功大都讲究“调心”、“调息”、“调形”，强调在练习时“入静”、“放松”，一个身心处在紧张状态中的人，整个身体机能就容易失衡。失衡中生理机能就难以正常发挥作用，没病的可能生出病来，有病的也许就会加重。气功教给你一些方法，使你“入静”、“放松”，有利于身心调适。坚持练习，生理机能得以正常发挥作用。气功锻炼在有些情况下可作为一种医药的辅助疗法。气功具有健身作用但并不能包治百病，特别对急性器质性疾病更是如此。将气功的作用说过头就是骗人了。

第二节　增强法律意识

新经济时代，随着经济全球化、区域经济一体化、信息化进程的加快，我国社会经济转型中的各种社会问题逐渐显现，出现了前所未有的文明冲突和文化碰撞，历史与现实、传统与现代、本土文化与外来文化多重因素、多种矛盾交织在一起，使大学生面临诸多的困惑与迷惘。高等院校思想政治教育工作和稳定工作也面临一系列新情况、新问题。特别是影响政治稳定的不利因素不仅依然存在，而且还将比以往更为明显、更为激烈地表现出来。因此，大学生要认真学习相关法律法规，提高政治觉悟，切实担负起维护政治稳定的重任，以实际行动推动和谐校园的建设。

一、提高政治觉悟　维护高校稳定

当前，部分高校师生中存在的一些深层次思想认识问题，特困生比例增加、毕业生就业形势严峻、新一轮校内管理体制改革和办学经费紧张等，不仅给思想政治工作带来巨大挑战，也给学校安全稳定工作带来了很大困难。针对这种情况，中共中央、国务院印发《关于进一步加强和改进大学生思想政治工作的意见》，强调指出，大学生是十分宝贵的人才资源，是民族的希望，是祖国的未来。加强和改进大学生思想政治教育，提高他们的思想政治素质，把他们培养成中国特色社会主义事业的建设者和接班人，对于全面实施科教兴国和人才强国战略，确保我国在激烈的国际竞争中始终立于不败之地，确保实现全面建设小康社会、加快推进社会主义现代化的宏伟目标，确保中国特色社会主义事业兴旺发达、后继有人，具有重大而深远的战略意义。

1. 大学生提高政治觉悟的途径

大学生的政治觉悟和大学生的前途命运息息相关。大学生是祖国的建设者和社会主义事业的接班人，如果大学生的政治觉悟不高，在复杂的政治多变的环境中就不能明辨是非，就不能与党中央保持高度一致。大学生要树立坚定的理想信念，不断提高自己的政治觉悟，树立社会主义核心价值观，为建设中国特色的社会主义贡献自己的力量，在这个过程中实现大学生自身价值，使个人前途和命运与国家的前途和命运紧密地联系在一起。

（1）政治觉悟的内涵。

政治觉悟是指人们在政治生活实践中领悟政治问题、明辨政治是非的能力和水平。判断政治觉悟高低，既要看其认识水平和理解能力，也要看其在现实政治斗争中的行为；

政治觉悟是政治观点和政治行为的统一。不论是在革命战争年代，还是在社会主义现代化建设时期，人的政治觉悟的高低都关系到事业的成败和发展。我国新民主主义革命的成功，决定于党的正确领导和广大群众、干部及共产党员的高度政治觉悟。当前，只有通过热爱祖国、热爱人民、热爱社会主义的思想政治教育，不断提高人民群众特别是共产党员和各级干部的政治觉悟，才能保证党在社会主义初级阶段基本路线的顺利贯彻，才能保证党在改革开放的长期过程中实现社会主义物质文明和精神文明建设的成功。

（2）理想信念的作用。

理想是人生的指路明灯，人的一生之中既离不开物质生活条件，也离不开理想在精神上的巨大推动作用。以理想信念为核心，深入开展树立正确的世界观、人生观、价值观教育，是加强和改进大学生思想政治教育的核心任务之一。从总体来看，理想和信念的主要作用表现在四个方面。

① 理想和信念是人生的奋斗目标，没有理想和信念，人生就没有坚定的方向。

② 理想和信念是人生的前进动力，没有理想信念，人生犹如飞机缺少了的引擎，雄鹰折断了翅膀，难以继续在长空飞翔。

③ 理想和信念是人生的力量源泉。没有理想和信念，人生就没有克服挫折前进的勇气。

④ 理想和信念是人生的精神支柱。人生应该具有崇高的理想和坚定的信念。拥有理想信念的人生是充实幸福的，而没有理想信念的人生则是空虚痛苦的。理想信念对于人生至关重要，它在人生实践中起着重要的不可替代的作用。

（3）树立和坚定共产主义理想信念。

大学生应认真学习马列主义、毛泽东思想、邓小平理论和“三个代表”重要思想，树立正确的人生观、世界观。坚持辩证唯物主义和历史唯物主义，用正确的理想信念武装自己的头脑，正确认识人类社会的发展规律，以理论上的清醒保持政治上的坚定性。要看到社会主义强大的生命力，看到社会主义的伟大前途，认识到社会发展的必然性和共产主义将最终全面战胜资本主义的客观规律性。正确看待我国社会主义事业前进过程中的困难和问题，加强对党的基本理论、基本路线、基本纲领的学习，充实和武装自己的头脑。

（4）大学生提高政治觉悟的途径。

① 充分利用各种课堂教学方式，有效调动大学生学习兴趣，从根本上提高其分析

问题的能力和思想政治觉悟。

- 积极参加课堂讨论，帮助大学生树立正确世界观、人生观。
- 积极参加课堂辩论，帮助大学生正确看待社会公德。
- 充分利用课堂演讲，帮助大学生确立正确理想目标。

大学生要在上述课堂活动中积极表现，充分表达自己的观点，通过比较鉴别，借鉴吸收，逐步提高自己的思想觉悟和理论水平。

② 大学生要树立正确的理想信念，把自己培养成有理想、有道德、有文化、有纪律的社会主义合格建设者和接班人。

- 大学生应深入学习马克思主义经典著作和马克思列宁主义中国化的成果。
- 大学生应加强自我修养，学会独立思考，自觉树立正确的理想信念。
- 大学生应深入了解我国悠久历史文化的博大精髓，充分继承和发扬优良传统。
- 大学生应学会辨别是非，提高利用互联网的警惕意识，自觉抵制不良信息的干扰。

- 大学生应积极参加学校组织的各种文体活动，加强与辅导员、班主任的交流沟通，多与同学、老师沟通和交流。

③ 坚持马列主义信仰，树立建设中国特色社会主义信念，关注并正确认识国家的前途和命运。

- 加强对基本理论、基本路线、基本纲领的学习；从理论上丰富自己，从信仰上坚定自己。
- 关注国内外的政治环境，充分、正确认识我国面临的困难和挑战，认识我国社会主义初级阶段道路的长期性。
- 要对社会主义充满信心，充分认识社会主义的强大生命力，认识社会主义最终将战胜资本主义的历史必然性。

④ 树立社会主义核心价值体系，并落实在具体行动中。

- 认真接受爱国主义教育，学会理性爱国。
- 认真接受集体主义教育，热爱集体，个人利益服从集体利益，培养大局意识、集体意识、团队意识。
- 认真接受社会主义荣辱观教育，学习“八荣八耻”，要在实际行动中做到知行统一。

- 树立社会主义的共同理想。
- 诚实守信，遵守社会公德。

2. 维护高校校园稳定

校园是培养人才的地方，本该是一方净土，文明的殿堂。然而，近年来常常会看到在校园内发生一些暴力事件，轻的恶语伤人，重的还会出人命。有老师打学生的，有学生打老师的，有学生打学生的，也有校外人员进入校园行凶闹事的，给美丽的校园蒙上了一层阴影。目前，党中央提出了构建社会主义和谐社会的重大战略思想，学校作为社会的一个重要组成部分，要竭力遏制校园暴力的发生。没有和谐的校园，就不会有和谐的社会。

（1）大学校园安全稳定的形势。

当前，我国高等院校的校园整体治安环境较好，大学校园相对处于一个稳定和谐的环境之中，各方面因素都朝着健康稳定的大方向发展。但是，影响校园稳定的不安全因素还大量存在，维护校园安全稳定的任务还很艰巨。受不安全因素的影响，高等院校经常发生一些治安案件，危害大学生人身财产安全。从总体上看，这些案件绝大多数是由于大学生自身安全防范意识淡薄、思想麻痹、财物保管不当、轻信他人、交友不慎等原因引起的。因此，加强对大学生安全防范教育和遵纪守法教育，使大学生自觉树立安全防范意识和遵纪守法意识，成为学校在培养社会主义接班人中的重要一环。同时，高等院校的管理者还必须加强对学校的管理，努力消除各种影响学校安全的不稳定因素，给大学生创造一个良好的学习生活环境。

归纳起来，以下四个方面的校园安全形势需要管理者特别关注。

① 宿舍安全。学生宿舍易发生偷盗和火灾事件。例如，大学生没有养成随手关门、锁门的习惯；夏季开门休息；高档贵重物品如笔记本电脑、掌上电脑、快译通、MP3等随意乱放；现金不及时存入银行；存折与身份证放在一起；留宿陌生人；被推销人员欺骗；私接电源、使用劣质电器等，都是导致宿舍内失窃、火灾发生的重要原因。

② 出行安全。大学生校外治安事件时有发生。如不遵守交通规则易酿成交通悲剧；私自外出游泳易出现溺水；还有喝酒、夜晚闲逛、泡网吧等，极易与校外社会闲散人员发生冲突，造成刑事治安案件；一些同学为了满足自己的胃口，不愿在食堂吃饭，喜欢在外面的小摊小店享受一日三餐，极易出现食物中毒或得传染病等。

③ 思想意识安全。诈骗案件在大学校园中时有发生。例如，大学生容易动恻隐怜悯之心，还有个别大学生贪图小利，有爱慕虚荣的心理，容易被犯罪分子编造的谎言

所蒙骗。

④ 心理安全。学习和就业压力、情感波动、家庭变故以及周边环境诸多因素变化都会让大学生产生一定的心理问题，造成心理扭曲、失衡，患上抑郁症、妄想症等疾病，大学校园内因心理问题而造成的事故不断增多。

（2）青年学生的思想特点。

2008年以来，我国接连发生了南方低温雨雪冰冻、四川汶川大地震、青海玉树地震、2010年罕见的旱灾、洪涝等严重自然灾害。在这些重大考验面前，以“80后”为主体的广大高校学生，与党中央保持高度一致，胸怀祖国、热爱人民，情系灾区，刻苦学习，发奋工作，倍加珍惜我国安定团结的良好局面，以实际行动，维护社会稳定，维护国家利益，表现出了高度的政治觉悟、严密的组织纪律性和强烈的爱国热情。

大学生是同龄青年中文化水平较高的群体，是我国社会主义现代化建设的后备军，青年学生的思想状况和精神面貌关系到党和国家的未来发展。与二十世纪七八十年代大学生比较，当代青年大学生有着以下显著特点。

① 关心祖国的繁荣与昌盛，并立志为民族振兴而努力奋斗。

越来越多的大学生意识到祖国的飞速发展为青年一代的成长提供了广阔的舞台，个人的成长、前途离不开祖国的振兴与发达。因此，绝大多数大学生能根据祖国和人民的需要确定个人目标，把个人目标和国家发展目标结合起来，并在实现奋斗目标的过程中不断完善自己，实现自己的人生价值。但是，也有极少数大学生不能正确处理个人成才和国家需要的关系，甚至把个人利益置于社会利益之上，实际上这并不利于个人的长远发展。

② 支持改革并积极投身于改革，在改革中完善自我。

青年大学生作为改革开放中受益的一代，越来越深刻地认识到，只有通过改革，国家才能走向繁荣富强。因此，他们具有强烈的改革意识，积极拥护和支持党的改革开放政策，并希望直接参与改革，在改革中有所作为。但是由于他们的社会阅历不深，对国情认识不足，对改革的长期性、复杂性、艰巨性缺少足够的思想准备，遇到挫折就难以理解，容易出现急躁情绪。

③ 有较强的民主意识。

大学生对民主制度、民主改革、民主管理表现出极大关注和很高的希望。无论何事，他们都希望按照民主的原则进行解决。但他们不了解在发展中国家里，民主建设需要一个渐进的过程，当他们接触的外来的所谓“民主精神”时，有时会出现迷惘和困惑。

④ 学习刻苦，立志成才。

青年学生充分认识到知识的重要性，他们懂得将来要为国家和社会做出贡献，必须今天就掌握过硬的知识本领，因此大多数大学生求知欲强、学习刻苦。但是，也有部分学生缺乏远大志向，害怕吃苦，不愿用功，心情浮躁，眼高手低等。

事实充分表明，当代大学生是健康成长、有着高度责任心的一代，他们思想活跃，对事物反应敏感，接受新事物能力较强。但从另一个角度讲，青年学生对事物缺乏深层次认识，缺乏辨别能力，容易受各种外界因素的影响。因此，深入开展对青年学生的思想政治教育，使他们真正把思想统一到中央的精神上来，切实增强热爱祖国、热爱社会主义制度的自觉性，自觉抵制各种反动腐朽思想渗透，抵制境内外敌对势力、敌对分子的思想渗透，以实际行动维护校园稳定。

（3）当前影响校园政治稳定的因素。

政治的发展从来就离不开高校，不稳定的校园政治环境，带给高校的是极大的破坏与人才的流失，有时甚至会给整个社会带来灾难。因此，维护高校政治环境稳定对社会发展就显得极为重要。维护高校的政治稳定，是一项长期的、艰苦的工作，我们应该居安思危，冷静地看到当前还存在的以下几个方面的不稳定因素。

① 境内外敌对势力的渗透、颠覆和破坏活动从未停止、放弃过。敌对势力通过各种途径向大学生宣扬资产阶级的政治观、价值观、伦理观，企图在潜移默化中实现社会意识的转变。

② 国际间的政治风潮最易冲击、最易引起反应的就是高校。一方面，大学生有着高涨的爱国热情和民族责任感，愿意为维护祖国和民族的利益而奋斗。另一方面，大学生思想单纯，容易被敌对分子利用，从而做出一些过激行为。

③ 高校广泛开展的学术交流、互派留学生、出国考察等活动，一方面促进了文化交流，另一方面也带来了对大学生思想的冲击，使他们的社会意识观念受到影响，成为校园不安全因素之一。

④ 社会经济发展过程中产生的矛盾，社会生活某些制度的不完善、不成熟，也会给大学生带来思想上的困惑，造成不稳定因素。就业、升学问题的困扰，会成为大学生思想上的不稳定因素，使他们对自己的信仰产生怀疑，造成思想理念上的冲突，成为大学校园的又一不稳定政治因素。

⑤ 有害网络信息的负面影响。网络已逐渐成为大学生获取信息的主要途径。在带来便利的同时，网络也会给大学生带来各种不良信息，如果不能认真辨别、筛选利用，就会在不良信息的误导下做出错误的选择。

（4）大学生应在维护高校稳定工作中发挥重要作用。

校园政治环境的不稳定，带给校园、社会的影响是有目共睹的。大学生是国家宝贵的人才资源，同时也必须是维护校园政治环境的积极而重要的力量。“天下兴亡，匹夫有责”，大学生要关注大学校园政治稳定，并要在维护高校稳定工作中发挥重要作用。

① 珍惜当前稳定的校园环境，自觉接受学校开展的各种思想政治教育活动，树立正确的政治观念。

② 以主人翁的姿态，积极参与建设好校园文化，创造良好的大学校园环境。

③ 要充分理解国家、政府的决策，不明白的政策要及时向有关人员咨询、沟通。要充分认识到我国改革发展的实际情况，学会站在全局的角度看问题，理解和体谅政府。

④ 树立正确的理想信念，自觉抵制西方势力在意识形态上的渗透，要坚定中国特色社会主义理想信念，增强民族自豪感。

⑤ 大学生要主动承担起历史责任，理性理解爱国主义。同时要理性爱国，避免爱国热情被敌对分子利用，危害国家安全。

⑥ 学会辨别真伪，自觉抵制网上不良信息，对西方文化思潮要有选择地取其精华，对西方一些腐朽的价值观念则要时刻保持警惕。

⑦ 理解和支持政府、学校的改革，妥善处理纠纷，化解矛盾，对不满的措施要通过正确的途径反映，这既是民权的体现，又是维护学校政治稳定的表现。

二、学习法律法规　预防违法犯罪

随着“依法治国、依法治校”标准的不断提高，高校校园治安和大学生安全问题得到国家和社会的高度重视。大学生的安全教育与安全管理已纳入社会主义法治轨道。法律知识教育是增强大学生法律意识和法制观念的重要途径。对大学生开展法律知识教育，应从与学生日常生活密切相关的法律知识入手。

1. 大学生应学习哪些法律法规

作为大学生，要规范自己的言行，首先应该知晓自己要学习哪些和自己生活学习相关的法律法规，并通过学习，不断提高自己的遵法、守法、用法的意识。

（1）大学生应当具备的法律意识。

法律意识是公民理解、尊重、执行和维护社会主义法律规范的重要保证，公民的遵纪守法行为不会自然产生，而是在一定法制观念，法律意识的指导下实现的。具备了社会主义法律意识，就会做到不仅不犯法，而且能积极维护法律的尊严。作为大学生应当具备以下法律意识。

① 依法办事的思想观念，不仅要遵纪守法，而且要监督社会主义法律的遵守和执行，坚决同一切违法犯罪行为作斗争，使社会主义法制得以真正实现。

② 树立宪法和法律具有最高权威的观念。一是坚决反对“权大于法”、“人情大于法”的法律虚无主义观念。任何个人和集体组织都不具有超越于法律之上的权力，都必须依法办事。二是大学生要认识到自己在国家生活中所处的地位，无条件地服从和遵守国家的宪法和法律。

③ 培养大学生权利义务相一致的观念。法律强调权利与义务的统一。公民要正确对待权利义务关系，既要依法行使法律赋予公民的权利，也要履行法律赋予公民的义务。让大学生形成正确的公民意识，在享有个人所拥有的权利时，不忘记尊重和承认他人的合法权益，不忘履行对国家、对社会、对他人的义务。我国宪法和法律从各个方面规定了公民的权利义务，人们在法律规定的范围以内，有着极为广阔的自由活动天地。公民在行使自己权利时要慎重考虑自己的言论、行为的社会效果，不得损害国家、集体的利益和其他公民的合法权益。

④ 在法律面前人人平等的观念。一是公民在法律面前人人平等，主要指公民不分性别、民族、种族、职业等一律平等地享有法律规定的权利，承担法律规定的义务，不管是什么人，只要是犯了法，都要依法受到追究。二是公民在运用法律上一律平等，不允许任何人享有特权。

（2）大学生法律理论应包括的内容。

① 中国特色马克思主义法学的一般理论。它居于法学知识体系的最高层次，担负着探讨法律的普遍原理、为各部门法学和法史学提供理论根据和思想指导的任务。

② 中国特色马克思主义部门法学，即以马克思主义法律观和中国特色社会主义理论为指导，通过对现行法律的研究而形成的理论体系。具体包括宪法学、民商法学、刑法学、行政法学、国际私法学、国际经济法学等内容。

③ 所在学校以及各种社会团体的一般性法规规范。它虽不具有法律效应，但是它是一个团体的共同行为准则，需要每一个人去维护、遵守。

④ 大学生还要学习可以维护自身合法权益、保护自己人身安全的法律法规，只有学好相关法律，当自己受到不法侵害时，才知道通过法律途径维护自己的合法权益，争取自己的正当利益。

⑤ 其他日常生活常用的法律法规。如业余时间兼职、暑期打工要熟知劳动法、合同法，保护自己权益；进行学术研究、技术开发要了解知识产权法，防止侵权；参加考试要知道考试法，杜绝替考、作弊发生。

2. 如何才能有效预防违法犯罪

一方面，当前大学生的法律知识水平较低，法律知识薄弱，易产生错误的观点、淡薄的法制观念。如2002年1月29日和2月23日，某大学学生先后两次把掺有火碱和硫酸的饮料，倒在北京动物园饲养的狗熊身上和嘴里，造成多只狗熊受伤。其在被拘留后说，自己学了法律基础知识，知道民法、刑法等，但却不知道伤害狗熊是违法犯罪，现在知道了，自己很后悔。如此可见，该大学生并未将法律知识转化为法律意识，用以指导自己的行为，从而不知道自己的行为是否正确。另一方面，极少部分大学生对法律的实现持不信任或漠视的态度，当大学生自己的合法权益受到侵害时缺乏权利观念，不能积极主动地利用法律武器维护自己的正当权益，而是以消极的态度对待法律，甚至会放弃法律武器，采用报复的手段来讨回"公道"，导致违法犯罪发生。

(1) 大学生违法犯罪原因分析。

① 家庭方面的原因。大量研究资料表明，家庭与大学生犯罪有着最直接的关系。人从出生到青年期，多数时间是在家庭中与父母一起度过的，而这一时期正是人的社会化最关键的时期，父母在孩子的成长历程中扮演举足轻重的角色。因此，家庭关系对大学生犯罪有着深刻的影响。

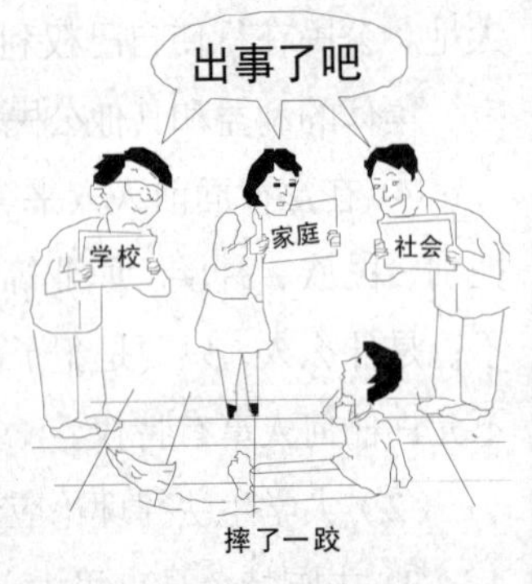

摔了一跤

• 我国的家庭教育失当现象较严重。这首先表现在教育的内容上，在高考的压力下，家长关注的是孩子的考试成绩，而忽视了孩子健康心理的发展、健全人格的培养和良好习惯的养成。其次，家庭教育失当表现在教育方法上。家长对孩子的教育容易出现两个极端，不是漠不关心、放任自流，就是过分保护与干涉；不是专制粗暴、惩罚严厉，就是偏袒和溺爱。这种极端化教育方式往往形成不良的习惯和人格，而这些不良的习惯和人格正是犯罪的内在动因。

• 结构的残缺也会影响大学生的成长。调查数据显示，单亲家庭（感情破裂家庭）出身的学生犯罪率高于正常家庭的孩子。家庭残缺使教育功能减弱甚至丧失，一方面可能为了补偿而过分溺爱子女，另一方面又有可能造成对子女情感的淡漠。

② 大学教育及管理对大学生犯罪的影响。大学生的成长与社会的大背景息息相关，同时又与学校的教育紧密相连。目前，绝大多数大学生关心国家大事，积极向上，

遵纪守法，具有良好的法律意识。但也有部分大学生法律意识淡薄，依法保护自身合法权益的能力较弱，大学生违法乱纪行为也时有发生。

弄清大学生法律意识培养中存在的问题，是培养他们法律意识的基本前提。此外，学校的法制教育还存在一些急需改进的方面。例如，学校对道德与法律课不够重视，教学资源得不到充分保证，教材内容不尽合理，教学方法陈旧，课堂设计有缺陷等，导致教师很难与学生很好地沟通，势必影响教学效果。

③ 社会因素对大学生犯罪的影响。一是市场经济的负面影响。市场经济的负面影响表现在使得少数大学生的人生观和价值观产生偏轨和倾斜。他们趋乐避苦、追求享受，当通过正当渠道不能达到目的时，其中一部分大学生就会采取违法犯罪的方法来实现。同时，物质利益成为现实生活的重头戏，许多大学生错误地以物质利益为尺度去评价个人得失。二是市场经济带来的社会分配不公、消极腐败现象对大学生人生观和价值观也有一定的影响。

④ 不良媒体文化的影响。一些图书、音像制品以及网络中包含着破坏、暴力以及淫秽的内容。这些非法出版的书刊、光盘涌向校园，使一些意志力差的大学生受其蛊惑，沉醉于这些不健康的内容之中而不能自拔，直至走向犯罪之路。

（2）遵纪守法，杜绝违法犯罪。

对大学生的法律意识的培养方式应灵活多样，并注意各种方法相互间的结合，这样才能收到实效。主要包括以下 4 个方面。

① 自觉接受学校法律教育。大学生每年的绝大部分时间都在学校，学校应发挥主渠道的作用，责无旁贷地担负起预防大学生违法犯罪的责任。

从许多大学生的违法犯罪事例调查可以看出，大学生犯罪的一个重要原因就是缺乏最基本的法律常识而导致的法律意识淡薄，这突出表现在他们既不懂得用法律来规范自己的行为，也不懂得用合法的手段来维护自己的权利。

学法、知法、懂法是形成完整的法律思想体系的基础。

- 法制意识不是自发形成的，需要进行有意识的培养。学校应加强法律基础课教学，通过系统的法律基础课的讲授来启迪大学生的法律心理，使他们的法律意识从初级阶段升华到高级阶段。

- 大学生应通过积极参加各种法律实践活动来逐步端正态度。如参加公、检、法等部门定期给学生进行的讲座、案例分析，这是提高大学生法律意识的重要环节。还可以通过参加法律知识竞赛，模拟法庭等活动，激发学习法律知识的兴趣，提高学法自觉性，增强公民意识和法律意识。

- 要加强对大学生思想道德教育。众所周知，法律是道德的最低线，而道德是法律的最前沿，大学生犯罪大都出于享乐主义、拜金主义和极端个人主义等深层次的道德原因。在绝大多数违法犯罪大学生不良意识发展史中，都伴随着反道德意识和行为的发展过程，都不同程度地存在道德的缺陷，包括对道德规范的藐视或沦丧及至故意侵犯。加强思想道德教育，提高道德素质是预防大学生违法犯罪的根本途径。

② 净化社会环境对预防大学生违法犯罪起着重要作用。净化社会文化环境，主要是指防止传媒文化中一些不良因素对学生的影响。当前，电视、广播、报刊、网络等传媒已成为大学生获得知识和社会生活经验的重要来源，成为他们学习和生活的第二课堂。应当正视的是，学校教育处于传媒文化的重重包围中，这使得大学生接受学校的正规、正面教育的同时不可避免地要受到一些社会消极因素的影响。净化社会环境，消除这种影响对预防大学生违法犯罪起着重要作用。

③ 充分发挥家庭教育的基础作用。家庭教育对一个人的性格、道德品质和情操的培养起着重要的作用。但就目前情况来看，家庭对大学生的基础教育还有待加强。

- 传统文化影响，部分家长的教育观念、成长观念、人才观念、法制观念还存在很多问题，在家庭教育中还存在着重智育轻德育、重身体轻心理的错误倾向。这种倾向的影响不利于孩子健康人格的形成，易使他们放松品德修养而走上违法犯罪道路。二十岁左右的大学生生理上已经成熟，但心理上尚未完全成熟，还需家长、老师进行必要的指导和帮助。对已考入大学的学生，家长更不能放松教育，要时常关心孩子在校的学习生活等情况。

- 要帮助大学生养成良好的消费观念。现在一些大学生浪费现象比较普遍，这与家庭的消费观念有直接关系。部分家庭在物质生活上铺张浪费，有的家长无休止地满足孩子超常的物质欲求，还有的家长不顾自身的经济条件，甚至自己节衣缩食也要满足孩子在物质上的虚荣心，这些作法极易使孩子欲望膨胀，诱发他们产生不良的心态。一旦家长不能满足他们越来越高的物质欲望，就会采用非法的手段求得目标的实现，最终导致走上违法犯罪的道路。

- 应该以身示范成为孩子的榜样。一些家长平时不注意小节，举止不健康、不检点，这些不良方面对心理尚不能完全调控的大学生来说极易产生巨大的负面影响，容

易使大学生形成放弃奋斗、贪图享受、不知节俭的不良性格。还有家长吵架、离婚等问题也会影响大学生的心理，给他们走正确的人生道路埋下隐患。

④ 大学生还要从自身做起。大学要增强法律意识，远离隐患、远离诱惑，自觉遵守校内外纪律和国家法令，做合格的大学生。

- 交友要慎重，不和行为和动机不良的人交往，不给坏人在自己身上打主意的机会，如果已经结交坏人做朋友或发现朋友干坏事时，应立即彻底摆脱同他们的联系，避免被拉下水和被害。
- 自觉抵抗各种诱惑，防止享受玩乐思想对自己的侵蚀。要坚信只有依靠自己的双手、自己的能力，才能创造出属于自己的财富。
- 在平时接受法制教育，学习法律知识，增强自己的法制观念和法制意识。

第三节　拒绝黄赌毒的诱惑

当前的大学生都是在学校内深造，对社会的接触较少，社会经验不足，不完全了解社会，不完全懂得真正踏上社会面对的压力，还不能很好地适应社会需求。特别需要指出的是当大学生踏入充斥着各种诱惑的社会中时，各种利益诱惑不断地向大学生迎面扑来，在各种诱惑面前，大学生往往显得柔弱无力，不知道自己到底在扮演着什么样的角色，以至有个别大学生落入不法分子的圈套，坠入深渊，无法自拔。这些诱惑主要集中在金钱、犯罪、黄、赌、毒等方面，所以，大学生对这些诱惑要尤其注意，做好防范，防止被这些诱惑迷惑，陷入犯罪之途。

一、大学生面临的诱惑

大学是大学生读书深造之地，是一个幽雅、宁静的环境，与社会环境截然不同，在当前价值观多元化且人们较为浮躁的年代，各种诱惑纷至沓来，大学生正处在诱惑的漩涡中心，各种各样的诱惑都在吸引着大学生，如果大学生不警惕或抵制诱惑的能力较弱，就会不自觉地迷失自己，会为自己以后的生活留下深深的伤痛。归纳起来，当前大学生要解决的此类问题主要集中在以下几个方面。

1. 情感诱惑

大学生正处在身心发育的时期，是感情丰富、情感细腻的群体，他们有的在追求真正属于自己的一份真挚的爱情，在自己孤独、寂寞的时候就会希望有一个人能够在身边照顾自己。同时大学生又多数在感情面前显示出自己的不理智和幼稚。当爱情来临的时候措手不及，早早地坠入感情的漩涡，一旦沉溺于爱情就放弃了其他所有的东西，把学习抛在了脑后，一厢情愿地用感情去取代学习的地位。有些大学生在对对方没有深入了解的情况下就付出了全部感情，甚至不惜财物，导致上当受骗，甚至产生安全意外。

2. 赌博之风

极少数大学生在学习上找不到自己的位置，不适应大学阶段的学习方式和学习内容，在学校考试屡屡碰壁，感到无所适从和无所作为，在学习上的失意无处发泄，就想在赌博中找回信心，找到成就感，也希望借此转移注意力，同时还说不定会有一笔意外的收入。但是他们忽略了赌博会让一个人上瘾，赌徒的心态会让一个人陷入其中无法自拔，直到输光。赌博会让大学生荒废学业，常常占用大量学习时间，造成学生违反校纪校规，甚至走上违法犯罪的道路。

3. 就业所带来的诱惑

当前的就业问题不容忽视，就业压力比较大。很多人都想自己毕业以后可以有一份好的收入，可以有个好的地位，可以在别人面前挺起腰杆，由此产生很多不符合实际的想法和不正确的就业观念。社会中的不法分子就是抓住了这种不正确的就业心理和压力，散布各种具有诱惑性的信息来欺骗大学生，达到自己不可告人的目的。这一系列的诱惑，多数集中在色情服务、传销、诈骗等方面，需要大学生多多防范。

4. 虚荣心作怪

虚荣心，从心理学角度来说是一种追求虚荣的性格缺陷，是一种扭曲了的自尊心。人人都有自尊心，都希望得到社会的承认，这是一种正常的心理需要，但虚荣心的作怪往往让人们忘记了自己的本分，只是注重虚无、不真实的东西。虚荣心强的人，常常把对个人名誉和利益是否有好处，作为支配自己行为的动力，总是在乎他人对自己的评价，一旦别人有哪怕一点点否定自己的意思，自己便认为失去了所谓的自尊，就受不了了。这种过于追求表面上的光彩、荣耀，以赢得他人尊重的心理是不健康的，是缺乏自信的表现。它不仅会影响人的学习、生活、工作，有时甚至还会使大学生酿成大错，为了满足虚荣心进行偷盗，做违法犯罪的事情。

5. 黄色信息的诱惑

大学生处在身体和生理发育的时期，这时候的大学生越来越多地开始接触感情和性，对感情的渴望、对生理的需求与日俱增，这时候黄色信息就有了“市场”，黄色报刊、黄色录像，黄色短信……越来越多的黄色信息通过不同的渠道开始在学生中间传播，将本来就处在人生的十字路口的学生引导上了一条错误的道路。

6. 兼职、勤工俭学的诱惑

大学生在人们的印象中已经有了一定的独立生活的能力，不少的大学生也都认为自己作为家庭的一员，应该为家庭减轻一定的负担，同时大学空闲的课余生活和越来越多的工作机会，让很多的学生萌生了做兼职的念头，学生还把这种实践作为锻炼自己的一次机遇。可以看见很多的大学生穿梭在校园和社会中寻找兼职的机会，在这种情况下很多不法分子就会看准时机，利用学生的这种心情投机取巧，违法乱纪。学生因急于打工被骗钱财的案例很多，大学生在勤工俭学时要提高警惕。

7. 网络的诱惑

科学技术和信息网络的发展让人们更多地接触网络。网络上充斥着很多的色情、暴力、犯罪的内容，网络游戏也占有很大的比重。这时候如果学生把握不住自己就会卷入网络的洪流中。少数学生沉迷网络游戏、网络聊天、网恋，影响了学业，浪费了钱财，浪费了宝贵的青春时光，甚至被欺骗了感情。

8. 不劳而获的诱惑

走在大学的校园里，我们可以看见有做假证或者兜售作弊工具的非法广告，在这些信息的刺激下，很多的学生抵制不住这种不劳而获的诱惑，想在学习中寻找捷径，这就很容易陷入不法分子的陷阱，有的因此被学校开除，甚至受到了法律的制裁。

二、黄、赌、毒的危害

当前大学生面临的社会环境比以往较为复杂，社会上不法分子会通过各种诱惑，引诱大学生从事一些非法的活动。大学生要特别提高认识，对黄、赌、毒保持高度的警惕，与全社会一起共同维护文明的社会环境。

1. 黄

“黄”是指淫秽物品。《中华人民共和国刑法》对“淫秽物品”的解释是指具体描绘性行为或者露骨宣扬色情的书刊、影片、录像带、录音带、图片及其他淫秽物品。但有关人体生理、医学知识的科学著作不是淫秽物品。包含有色情内容的有艺术价值的文学、艺术作品不视为淫秽物品。

“万恶淫为首”，邪淫的开始也就是毁灭的开端。大学生涉足淫秽物品的危害性是非常大的，同学们要坚决做到不看、不传，更不能走私、制作和贩卖。要洁身自爱，读好书结好友，参加有益健康的文娱活动，做一个心理健康、遵纪守法的人。大学生如果不能抵抗情色的侵蚀，将会极大地破坏大学生的形象，影响身心健康，危害他人、危害社会，最终走向犯罪的深渊。为了国家富强，为了个人的前程，大学生要竭尽全力戒除邪淫，远离色情网站、游戏、书刊，净化心灵，发愤图强，刻苦努力，把精力全部集中到自身的价值实现中来，为祖国的繁荣贡献自己的力量。大学生因沉迷黄色网站导致身心受到伤害、最终违法犯罪的例子不胜枚举。例如，某高校学生在网吧观看了女同性恋黄色影片后，心理受到严重影响，破坏了女性在他心目中的形象，随之产生厌恶女性的想法，产生报复心理。一天，趁晚间自习时，他躲进女厕所，将一女生用砖头打伤，该学生最终受到了学校的纪律处分。

2. 赌

“赌”即赌博，是指利用赌具，以钱财作为赌注，以占有他人利益为目的的违法犯罪行为。赌博是一种丑恶的社会现象，开始参与赌博的原因，一是为了寻求刺激，娱乐消遣；二是试试身手，看看能否有所“收获”，但慢慢地赌博就会成为他们的瘾癖，并且以获取金钱为目的。目前，赌博的花样越来越多，如打麻将、赌扑克（21 点、扎金花、梭哈、关牌等）、掷骰子、赌赛马、赌赛狗、轮盘赌、六合彩、打老虎机、跑马机、赌运气、网上赌博等。

（1）赌博对大学生的危害。

赌博是一种容易上瘾的活动，大学生如果长久地沉溺在赌博的毒害当中就会无法自拔，产生厌学的心理，荒废学业。有关统计资料表明，大学生因为赌博被学校开除学籍的事情经常发生，因为赌博走上违法犯罪的现象也是屡见不鲜。赌博的危害主要有以下几个方面。

① 导致学业荒废。大学生一旦沾染上赌博后，就被巨大的诱惑所俘虏，经常赌博到凌晨，甚至通宵达旦。参赌同学经常不按学校的规定正常作息，有的长期熬夜，精神萎靡不振，经常旷课和迟到早退，即便到了课堂，注意力也难以集中。有的干脆白天蒙头大睡，晚上点烛看书应付考试，长此以往，必定难以完成学习任务，导致学业荒废。

② 助长不劳而获的习气。赌博使人妄想不劳而获，赌博赢了的不会满足，输了的总想着把输的捞回来，在这样极端而且错误的想法下赌博往往会无休止地继续下

去，久而久之会使大学生的人生观、价值观发生扭曲，丢掉从小养成的自觉劳动的良好习惯。

③ 严重影响身心健康。赌博经常通宵达旦，影响休息睡眠，扰乱了饮食起居的正常规律，造成生物钟紊乱。赌博时高度紧张，赢钱的人乘兴而往，赢钱了就会强烈兴奋、情绪激动；输钱的人拼命再来，不顾饥寒，精神疲惫，输钱了就会心烦意乱、脾气粗暴，情绪反差极大。长此以往，极易导致疾病缠身。另外，在赌场之中，只是问钱少钱多，易产生好逸恶劳、尔虞我诈、投机侥幸等不良的心理品质。

④ 极易引发事变。一旦赌博，心中千方百计地想要赢对方的钱财，即使是至亲至友对局赌博，也必定暗下戈矛，如同仇敌；有的因赌博反目成仇，使用暴力；有的因缺赌资而参与偷抢等犯罪活动，锒铛入狱。

⑤ 破坏人际关系。赌博是一种群体的违法犯罪活动，直接牵涉人际关系，也一定会影响到同学之间的关系，同学之间的友爱之情往往会被利害关系所替代。

（2）大学生沾染赌博后的戒赌方法。

赌博是一种习惯性行为，戒赌并不容易，但并不是陷入赌博漩涡后就不可救药，只要拥有坚定的意志，绝对可以应付或克服赌博问题。大学生可以尝试以下方法。

① 一旦决定戒赌，就要坚决与之决裂，做好充分准备，防止反复。避免出席任何赌博场合，避免与有赌博习惯的人来往。

② 减少持有现金。对手头的现金进行适当分配，限制现金的供应，不留下过多的钱进行赌博活动。

③ 及时寻求帮助。倘若你想找人倾谈你的赌博问题，但又不习惯面对面或不愿向你认识的人倾诉，可以通过电话，向心理医生和社会学家表白你的感受，或商讨戒赌办法。

④ 控制精神压力。通过多参加集体活动、定时做运动或进行休闲活动，驱走闷气，舒缓紧张的情绪。

⑤ 养成反省的习惯，通过写日记、博客可帮助了解自己的赌博行为，找出赌博的倾向和模式进行反省。

⑥ 培养其他可取代赌博的嗜好，排解空闲时间，努力打消赌博的念头。

⑦ 制定学习目标。通过制定一定的学习目标，自我加压，引导自己戒掉赌博习惯。

3. 毒

《中华人民共和国刑法》第三百五十七条规定：本法所称的毒品，是指鸦片、海洛因、甲基苯丙胺（冰毒）、吗啡、大麻、可卡因以及国家规定管制的其他能够使人形成瘾癖的麻醉药品和精神药品。毒品品种类繁多，目前毒品种类已达到 200 多种。但一般来说，毒品都有 4 个共同的特征：不可抗力，强制性地使吸食者连续使用该药，并且不择手段地去获得它；连续使用有不断加大剂量的趋势；对该药产生精神依赖性及躯体依赖性，断药后产生戒断症状；对个人、家庭和社会都会产生危害后果。联合国麻醉药品委员会将毒品分为 6 大类：吗啡型药物（包括鸦片、吗啡、可卡因、海洛因和罂粟植物等，是最危险的毒品）；可卡因、可卡叶；大麻；安非它明等人工合成兴奋剂；安眠镇静剂（包括巴比妥药物和安眠酮）；精神药物，即安定类药物。世界卫生组织将当成毒品使用的物质分成 8 大类：吗啡类、巴比妥类、酒精类、可卡因类、印度大麻类、苯丙胺类、柯特类和致幻剂类。其他还有烟碱、挥发性溶液等。

（1）常见的主要毒品。

① 鸦片。鸦片俗称“大烟”、“烟土”、“阿芙蓉”等。鸦片系草本类植物罂粟未成熟的果实用刀割后流出的汁液，经风干后浓缩加工处理而成的褐色膏状物，这就是生鸦片。生鸦片经加热煎制便成熟鸦片，是一种棕色的粘稠液体，俗称烟膏。

② 吗啡。吗啡是鸦片的主要有效成分，是从鸦片中经过提炼出来的主要生物碱，呈白色结晶粉末状，闻上去有点酸味。吗啡成瘾者常用针剂皮下注射或静脉注射。它对呼吸中枢有极强的抑制作用，如同吸食鸦片一样，过量吸食吗啡后出现昏迷、瞳孔极度缩小、呼吸受到抑制，甚至于出现呼吸麻痹、停止而死亡。

③ 海洛因。海洛因亦称盐酸二乙酰吗啡。其来源于鸦片，是鸦片经特殊化学处理后所得的产物。其主要成分为二乙酰吗啡，属于合成类麻醉品。海洛因有多种形状，是带有白色、米色、褐色、黑色等色泽的粉末、粒状或凝聚状物品，多数为白色结晶粉末，极纯的海洛因俗称“白粉”。由于海洛因成瘾最快，毒性最烈，曾被称为“世界毒品之王”，一般持续吸食海洛因的人只能活 7~8 年。

④ 大麻。大麻是一年生草本植物，通常被制成大麻烟吸食，或用作麻醉剂注射，有毒性。长期使用会出现人格障碍、双重人格、人格解体、记忆力衰退、迟钝、抑郁、头痛、心悸、瞳孔缩小和痴呆，偶有无故的攻击性行为，导致违法犯罪的发生。

⑤ 可卡因。可卡因是从植物叶片中提炼出来的生物碱，其化学名称为苯甲基芽子碱。它是一种无味、白色薄片状的结晶体。毒贩贩卖的是呈块状的可卡因，称为“滚石”。可卡因服用方式是鼻吸。可卡因是最强的天然中枢兴奋剂，对中枢神经系统有高

度毒性，可刺激大脑皮层，产生兴奋感及视、听、触等幻觉；服用后极短时间即可成瘾，并伴以失眠、食欲不振、恶心及消化系统紊乱等症状；精神逐渐衰退，可导致偏执呼吸衰竭而死亡。

⑥ 甲基苯丙胺。甲基苯丙胺俗称“冰”毒，属联合国规定的苯丙胺类毒品。主要来源是从野生麻黄草中提炼出来的麻黄素。形状为白色块状结晶体，易溶于水，一般作为注射用。长期使用可导致永久性失眠、大脑机能破坏、心脏衰竭、胸痛、焦虑、紧张或激动不安，更有甚者会导致长期精神分裂症，剂量稍大便会中毒死亡。

（2）毒品的危害。

毒品的危害有很多，归纳起来最主要的危害有两大类。

① 吸毒对个体身心的危害。此类危害主要包括 4 个方面。第一，吸毒对身体具有毒性作用，是指用药剂量过大或用药时间过长引起的对身体的一种有害作用，通常伴有机体的功能失调和组织病理变化。中毒主要特征有：嗜睡、感觉迟钝、运动失调、幻觉、妄想、定向障碍等。第二，使身体具有戒断反应，是指长期吸毒造成的一种严重和具有潜在致命危险的身心损害，通常在突然终止用药或减少用药剂量后发生。许多吸毒者在没有经济来源购毒、吸毒的情况下，或死于严重的身体戒断反应引起的各种并发症，或由于痛苦难忍而自杀身亡。戒断反应也是吸毒者戒断难的重要原因。第三，吸毒导致精神障碍与变态，吸毒所致最突出的精神障碍是幻觉和思维障碍，表现为吸毒者行为特点围绕毒品转，甚至为吸毒而丧失人性。第四，极易感染疾病。静脉注射毒品给滥用者带来感染性合并症，最常见的有化脓性感染和肝炎，及令人担忧的艾滋病问题。此外，还损害吸毒者的神经系统、免疫系统，使其易感染各种疾病。

② 吸毒对社会的危害。此类危害主要包括以下 3 个方面。第一，毒品活动加剧诱发了各种违法犯罪活动，扰乱了社会治安，给社会安定带来巨大威胁。在吸毒的人的意识里。毒品就是生命的源泉，为了维持自己的生命他们需要大量的钱财来购买毒品，可是众所周知，毒品的价格是相当昂贵的，吸食毒品就相当于是在吸食手里的钱财，钱财的短缺往往会让那些吸食毒品的人走上极端的道路，实施犯罪来获得钱财供他们购买毒品，最终走上违法犯罪的道路。第二，吸毒首先导致身体疾病，摧残意志和精神，荒废学业。吸食毒品使人逐渐懒惰无力，意志衰退，智力和积极性降低，记忆力减退，最终导致学业荒废，使人们终生一事无成，造成社会财富的巨大损失和浪费。

同时毒品活动还造成环境恶化，缩小了人类的生存空间。第三，吸毒者在自我毁灭的同时，也破坏自己的家庭，使家庭经济破产、亲属离散，甚至家破人亡。

（3）大学生吸毒的原因。

① 好奇心的驱使往往会产生多种尝试行为。20 岁左右的青少年在生活上开始趋向于独立，对社会上的许多事物都有极大的兴趣，加之对毒品危害的严重性认识不足，轻信自己有足够的毅力和控制能力，此时如不加以正确引导，一旦和吸毒者接触，很容易染指毒品。

② 漠视法律。认知能力差。社会知识差，认为吸毒没有任何社会危害；法律知识差，认为吸毒是一种时髦的生活享受，不认为吸毒违法；生理知识差，认为毒品不会成瘾或成瘾后可轻易戒除。

③ 被居心不良人员诱惑。处在吸毒环境中（与吸毒人员接触，进入非法吸毒场合）的人，受诱惑的可能性很大，一些认识能力差、判断力和预见性不强的人，极易被诱惑。

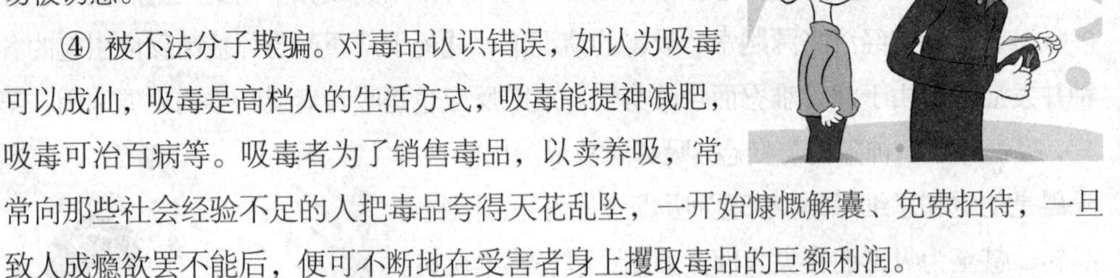

④ 被不法分子欺骗。对毒品认识错误，如认为吸毒可以成仙，吸毒是高档人的生活方式，吸毒能提神减肥，吸毒可治百病等。吸毒者为了销售毒品，以卖养吸，常常向那些社会经验不足的人把毒品夸得天花乱坠，一开始慷慨解囊、免费招待，一旦致人成瘾欲罢不能后，便可不断地在受害者身上攫取毒品的巨额利润。

⑤ 生活无聊寻求刺激。毒品能使人产生欣快感，毒品对人体的刺激一般都强于其他行为的刺激。生活无聊、喜欢寻求刺激的人，往往容易吸毒。

⑥ 意志消沉寻求解脱。大多数人生活中会遇到诸多挫折和烦恼，一些人不是认真查找原因，吸取教训，以客观、正确的态度去对待挫折，而是为了得到心理上的解脱，加之对毒品的无知或受欺骗、受诱惑，用毒品来麻醉自己，结果是求得暂时的解脱，而最终陷入更大的烦恼之中。

（4）大学生如何远离毒品。

① 自觉学法，牢固树立法制观念，时刻清醒地认识到行为的合法与非法性，凡是法律法规明令禁止的行为，坚决不沾不染，牢记“涉毒违法，违法必究”这个概念，不侥幸、不好奇，作知法守法的好公民，自觉地将毒品拒之门外，这是远离毒品的第一道，也是关键的一道防线。

② 充分认识毒品的危害，培养高尚的道德情操。具备明辨是非能力的人面对种种

社会现象时能够对正确良好的行为感到崇尚和敬仰，对错误的行为感到不满和愤恨，并能自觉地抵制不道德行为、不良嗜好的诱惑。充分认识参与毒品违法犯罪活动的危害性，珍视自己的生命，提高抵御毒品的能力。不要放任好奇心，不要以身试毒，否则必然要付出惨痛代价。不抱侥幸心理，绝不要有“第一次”。

③ 不结交有吸毒、贩毒行为的人，慎交朋友。遇有亲友吸毒，一要劝阻，二要回避，三要举报。远离毒品场所，严防毒品侵害。不要在吸毒场所停留，不做被动吸毒者。

④ 不信谎言，避免受骗。不要听信毒品能治病的谎言，吸毒摧残身体，根本不可能治病。不要听信吸毒是“高级享受”的谎言，吸毒一口，痛苦一生。不要接受吸毒人的香烟或饮料，因为他们可能会诱骗你吸毒。

⑤ 不追求刺激，不消极厌世。不要盲目追求感官的刺激。许多人就是因为空虚，追求刺激而走上吸毒道路的。“吸食毒品犹如玩火”，酿成恶果追悔莫及。不要因为遇到不顺心的事而以吸毒消愁解闷，要勇敢面对失学、失恋等人生挫折。培养兴趣，丰富生活，培养广泛的兴趣爱好，避免孤僻的生活方式。

⑥ 自觉抵制毒品，和涉毒违法犯罪行为做坚决斗争。毒品危害之大是常人难以想象的，自觉抵制毒品，就要从和自己身边的涉毒违法犯罪行为作斗争做起，全社会每一个人都行动起来，我们身边的毒品和悲惨的故事就会越来越少，最终创造一个没有毒品的和谐社会，最终保护的是亲戚、朋友、家人和自己的利益。

（5）发现染上毒瘾怎么办。

如果发现自己已染上毒瘾，请务必要告知家长，此时不要再顾忌家长的责骂和别人的轻视，长痛不如短痛，几乎没有人能仅仅依靠个人的毅力和努力来彻底戒毒，必须依靠家庭的支持和专业的治疗。

无数事实证明戒毒是一个系统的工程，要药物、强制和督促相结合，要有资金做保障，不要简单地认为服用一些戒毒药品就可以达到戒毒的目的。

现在全世界公认的戒毒方案，并非仅着眼于戒除（身体上）一个方面，而是从毒瘾形成的机制出发，采取“生物—心理—社会”的模式进行戒毒治疗。

一旦戒毒成功，要防止、抵制各种诱因。要知道戒毒后复吸，再想戒毒成功就十分困难了。

三、毒品和艾滋病是孪生兄弟

据资料显示，在美国的艾滋病成人患者中，25%是吸毒人员，有的城市高达74%。1990年，马来西亚的艾滋病病毒感染者中就有50%是吸毒成瘾者。非洲500万艾滋病病毒感染者中绝对大部分是吸毒和乱性交感染。2001 年，我国对 3 万余例艾滋病病毒感染者监测发现，68.7%以上是因为静脉注射毒品而被感染的。

艾滋病的主要传播途径是血液传播、性传播和母婴传播。静脉注射毒品者共用不洁注射器来注射毒品极易造成血液传播。吸毒者的不良性行为又可造成性传播。吸毒者感染艾滋病后生育孩子，也可造成母婴传播，贻害无穷。艾滋病的 3 个传播途径中，吸毒者就都全占了。因此，铲除毒患是遏制艾滋病的重要途径。

艾滋病患者中有相当比例有吸毒经历，说明艾滋病毒在吸毒者中传播十分迅速，主要原因有以下几点。

（1）吸毒之后身体对毒品产生依赖，每 3 ~ 6 小时重复用药一次才能维持身体的机能状态。随着吸毒时间的延长、吸毒量的增加，相当一部分人会从吸毒改为扎毒，因为扎毒产生的欣快感会更加强烈、快速。

（2）吸毒过程中会有一部分毒品释放到空气中浪费掉，而对于吸毒量越来越大、手头越来越拮据的瘾君子来说，昂贵的毒品自然是不能任其浪费的。一部分人会从吸毒改为扎毒。

（3）有些吸毒者喜欢聚众吸毒，在这个过程中共用注射器相互表达行为的认同和心理支持。共用注射器使吸毒人员感染 HIV 的风险非常大，如果感染 HIV 的吸毒者与其他未被感染的吸毒人员共用注射器吸毒，则其将 HIV 病毒通过一次吸毒传染给人的概率极大，远远大于通过一次性接触和母婴途径传播的概率。

（4）许多吸毒者都有淫乱行为，女性吸毒者往往会靠卖淫来赚取毒资，在性交中极有可能被感染上艾滋病病毒，继而传染给别人。

思考题

1. 安全教育是人类永恒的话题，通过本章的学习，你得到了哪些启示？
2. 作为当代大学生，谈谈如何认识当前的安全稳定形势。
3. 组织小组讨论黄、赌、毒的危害。

第3章

服从学校安全管理

Chapter 3

学生的主要学习和生活的空间是在校园，很多的事情都是在以校园为背景的基础上发生的。为了保障学生正常的学习和生活顺利地进行，每一所学校都制定了严格的校规校纪，这对维护校园稳定，实现校园和谐与发展起到了保驾护航的作用，所以要求学生必须认真学习、严格遵守。

第一节　认真学习校规校纪

和谐之美是事物存在的最佳状态，也是所有美好事物拥有的共同特点之一。维护社会稳定，实现社会和谐，始终是人类孜孜追求的美好愿望。

中华民族历来推崇“和为贵”的思想，主张“和而不同”、“求同存异”，提倡在均衡发展中化解矛盾、求得和谐。构建社会主义和谐社会，就是要把“和谐”的理念贯穿于人们对人与自然、人与社会、人与人之间以及民族、国家、政党之间关系的认识和把握中，并拓展到经济、政治、文化、社会等各个方面。就和谐社会内涵来看，其民主法治、公平正义、诚信友爱、充满活力、安定有序、人与自然和谐发展等特征和要求，正是高等教育的价值取向和自身发展的应有之义。

相应的，维护校园稳定，实现校园和谐与发展，不但是构建社会主义和谐社会的有机组成部分和重要实现路径，而且也是高等教育自身发展的需要。古语云：“没有规矩不成方圆”，一所学校没有严格的纪律就会乱套，一个国家没有严格的法律就得不到长久的发展。遵守校规校纪是构建绿色和谐校园最基础而又最重要的一步，维护校园稳定、和谐，是青年大学生不可推卸的重大职责。

随着网络技术的迅猛发展以及经济全球化和中国加入 WTO 进一步的深入，区域经济一体化的步伐也在加快，我国的教育事业也经受着巨大的影响。这些影响主要围绕人才培养与人才争夺展开，而人才的成长、教育的成败与学生的学习风气紧密相关，既是学校办学水平的重要体现，也是学生得以健康、全面发展的重要条件。当前，在校大学生的学风状况总体上是好的，多数学生怀有远大的理想与信念，能充分认识到学习的重要性，涌现了一批德、智、体、美全面发展的优秀大学生。但我们也要清醒地看到学风方面存在的问题，学生遵守校规校纪的自觉性还不够，突出表现在学生迟到、早退、旷课现象屡禁不止；听课不专心、抄袭作业、考试作弊时有发生；学习缺乏目标，考试不及格的人不在少数；毕业生拿不到学位证、毕业证的情况依然存在等。加强学风建设，提供给大学生一个健康成长、顺利成才的有益环境，是当前高校面临的重要任务。

一、大学生要严格遵守校规校纪

我国高等学校的根本任务就是按照党和国家的教育方针，把学生培养成有理想、有道德、有文化、有纪律的德、智、体、美全面发展的社会主义现代化建设事业建设者。“有纪律”是“四有”的重要内容之一，它既是合格人才素质的重要标准，也是大学生成才的重要保证。大学生要立志成才，就必须全面培养自己的思想道德素质、业务素质、文化素质和身体素质，而这些素质的培养，除必须有良好的纪律教育和严格的纪律环境外，最根本的是靠个人自觉的纪律修养。可见，纪律不是限制成才的锁链，而是促进成才的重要条件的保证。大学生只有把纪律与成才有机结合，自觉地进行纪律修养，才能早日到达成才的彼岸。

1. 大学生在校期间必须自觉遵守的纪律规范

为了维护高等学校正常的教学工作和生活秩序，使学校的教育管理工作规范化、秩序化，同时也为了给广大学生创造一个良好的成才环境，培养大学生良好的行为习惯，促进德、智、体、美全面发展，教育部颁布了《高等学校学生行为准则》、《普通高等学校学生管理规定》、《高等学校校园秩序管理若干规定》等一系列规定，这既对大学生的行为提出了总体要求，又是大学生学习、生活、行为的具体纪律规范，是大学生必须履行的规章。

在国家法规的平台上，各高校一般都结合自己的实际情况，制定一系列具体实施的纪律规范，主要有以下几个方面。

（1）学籍管理规定。

学籍管理规定主要内容包括：入学与注册，成绩考核与记载办法，升级与留级、降级，转专业与转学，休学与复学、退学，奖励与处分等。这是大学生必须学习和掌握的与学习、学业和前途密切相关的规定。

（2）学生考试规则。

学生考试规则是对大学生考试的规范性要求，是每个大学生必须了解并需牢记心中的。

（3）学生请假和活动审批制度。

学生有病或有事，学校允许请假，但必须履行相应的请假手续。集体外出实习、旅游、游泳、举办各类活动等要进行活动审批。

（4）课堂纪律规定。

课堂纪律规定是对学生上课时礼仪、行为举止的基本规范，是保证课堂纪律的重要规则。

（5）学生住宿管理规定。

学生宿舍是学生学习和生活的重要场所，是培养基础文明和修养的重要阵地，每个大学生必须遵守学生宿舍的管理制度，保证宿舍的安静、卫生、整洁，节约水电、安全用电，按时作息，不晚归、不私自外出租房。

（6）安全稳定方面的纪律。

安全稳定方面的纪律是为了加强对学生安全教育，引导学生培养安全意识，维护国家安全、维护校园稳定的制度。

（7）诚信、公益和文明行为方面的要求。

诚信、公益和文明行为方面的要求是为了培养大学生的诚信观念和奉献意识，培养大学生应知晓的文明礼仪，引导大学生成为合格的社会公民，主动承担起社会责任。

2. 大学生违反纪律的原因和产生的不良后果

（1）大学生违反纪律的主要原因。

一方面，大学生从高中考入大学，从高度紧张的学习竞争状态一下子放松了，不能够自己进行独立的学习。有些大学生缺乏正确的人生理想，认为经过十多年的努力拼搏，该好好休息一下了，急于把过去失去的"快乐时光"弥补回来。正是由于这种错误的认知，导致一些大学生对纪律的严肃性缺乏应有的认识，平时不注重各门功课的学习，迟到、早退、旷课、考试作弊时有发生。纪律观念淡薄最终导致遵纪守法意识薄弱，行为上自由散漫，对国家的法律法规和学校的校规校纪置若罔闻。

另一方面，受社会上不良风气的影响，大学生的自我约束力下降。大学生不是生活在真空里，其成长离不开社会大环境。在市场经济条件下，经济的多元化必然导致人们价值观念、生活方式等诸多方面的多元化，大学生耳濡目染一些消极的、不良的价值观念和生活方式，其思想必然会受到冲击和影响，特别是在信息时代和网络时代，这种冲击和影响尤为明显和迅速。意志薄弱、抵抗诱惑能力弱的大学生，稍有不慎，就可能不辨是非，栽了跟头。

（2）大学生违反纪律所产生的不良后果。

① 从大的方面讲，大学生违反纪律荒废学业损害了国家的利益，浪费了国家有限的教育资源。也许，有些同学会说，现在是缴费上大学，不是义务受教育，上课迟到、早退、旷课，学习成绩好坏是学生个人的事情，与学校无关，学校不应过多干涉，不应管得太严。要知道，大学肩负着为国家培养合格建设者和可靠接班人的任务，培养一个合格的毕业生光靠学生自己缴纳的费用是远远不够的，国家另需投资几万元，这还不包括图书馆、实验室、教学仪器设备等大量的投资。更何况我国目前是发展中国家，高等教育资源十分有限，适龄青年中仅 10%～15%有机会接受高等教育。大学生如果不珍惜这难得的教育资源，就等于剥夺了其他同龄人接受高等教育的机会，浪费

了国家有限的教育资源。

② 从个人角度看，大学生违反纪律荒废学业浪费了自己的青春年华，辜负了父母的期望，造成了家庭的经济损失。一个家庭尤其是农村家庭为了培养一个大学生，父母需要历经艰辛，花费家庭多年的积蓄，有的甚至举债度日。试想，一个大学生经过十几年的辛苦努力，若因违反校纪无法毕业或者没有学习到真正的本领而影响前途，这不是浪费自己的青春年华吗？

重要提示 同学们一定要考虑父母及关心你成长的亲人们的感受，要想到自己所肩负的国家和社会赋予的神圣责任。

3. 大学生纪律修养的基本要求

古语云："不积跬步，无以至千里；不积小流，无以成江海"，构建绿色和谐校园，遵守校规校纪是重要的而且是容易做到的。"勿以善小而不为，勿以恶小而为之"，遵守校规校纪需要大学生从身边一点一滴的小事做起：在教学楼和图书馆里，请轻来轻去；面对为我们周到服务的工作人员们，请报以真诚的微笑；当遇见老师时，请满怀感恩地向老师问好；当同学陷入困境时，请热情地伸出援助之手——这些一个个看似不经意的细小举动，其实就是谱写校园绿色协奏曲中最和谐的音符。

纪律不仅是保证学校教学、科研和各项工作顺利进行的重要规范和条件，而且关系到一代新人高尚品德的形成。培养大学生自觉遵守纪律的优良品质，是高等学校的一项重要任务。广大学生应提高遵守纪律的自觉性，增强纪律修养，做遵守纪律的模范。

（1）不断增强纪律观念。

首先，要从思想上真正认识到纪律的极端重要性。只有认识到纪律的极端重要性，并使之成为一种内在的要求，才能去自觉地遵守纪律。

其次，要认真学习法律法规和学校的规章制度，树立法制观念和纪律观念，知道哪些是应该做或可以做的，哪些是不应该做或不可以做的。

最后，要正确处理自由与纪律的关系，培养自己管理自己、自己约束自己的能力，培养严于律已、自控自制的坚强意志，做到在任何情况下，思想上不忘纪律观念，行动上不违反各项纪律和规章制度。

（2）努力提高思想觉悟。

遵守纪律的自觉性，是以高度的思想觉悟为前提的。不遵守纪律的人，往往强调自我利益、自我需要，以个人的理由作为违纪的借口，这正是一种思想觉悟不高的表现。一个具有大公无私、全心全意为人民服务的崇高人生目的的人，他的所作所为，首先想到的是他人和集体，自然就不会做出违反纪律的事情。

（3）努力加强道德修养。

一个人道德水准的高低对遵守纪律与否关系极大。很难想象，一个道德低下的人会成为遵守纪律的模范。实际生活中，一切违反纪律的言行，都是不道德的表现。

加强道德修养，最根本的是树立共产主义的道德观，用共产主义道德标准规范自己的行为，使自己成为一个有道德、守纪律、有益于人民的人。

（4）遵守纪律贵在实践。

良好的纪律修养是从自我做起、从点滴做起养成的。只有在日常生活中，经常用各种纪律规范作为自己的行为准则，严格约束自己，自觉锻炼自己，处处自尊、自重、自爱，防微杜渐，身体力行，才能真正成为遵守纪律的模范。

（5）敢于同违反纪律的行为作斗争。

纪律是集体的灵魂，是维持正常的教学和生活秩序、创造良好成才环境、培养合格人才的可靠保证。维护组织纪律人人有责，大学生要敢于同各种违反纪律的行为作斗争，对违纪行为及时进行揭发，共同维护正常的校园秩序。

二、大学生在构建和谐校园中的作用

大学生要充分理解构建和谐校园的重要意义，要充分认识做好安全工作对和谐校园建设的推动作用，并从我做起，切实担负起相应的责任和义务。

1. 正确理解构建和谐校园的重要意义

稳定是和谐的前提和基础，维护社会稳定，是构建社会主义和谐社会的必然要求。没有稳定，构建社会主义和谐社会就无从谈起。

稳定的实质就是发展，而和谐则是更高意义和更高层次上的稳定。强调政治稳定，实质上就是强调发展的理性。由此可见，稳定、和谐既是重大的社会问题，也是重大的政治问题。不仅关系到学校正常的教育教学工作，而且关系到学校的安定和发展。构建稳定、和谐校园的思想，不仅为维护学校稳定工作带来了新的理念，而且对维护学校稳定工作提出了新的要求。

做好维护学校稳定工作，需要提高高校对维护稳定工作意义的认识，大学生是高等院校稳定工作的主体，要自觉地担负起维护学校稳定工作的责任。要把稳定放在树立和落实高校“内涵发展”这个更大、更高的目标中去认识、理解、研究和部署，以促进校园和谐来指导维护学校稳定工作，以能否实现高校“内涵发展”检验维护高校稳定、和谐工作的成效。

2. 和谐校园构建过程中大学生安全教育工作存在的问题

面对经济全球化和国内改革开放的新形势，大学生安全教育也同样面临着一些新情况、新问题。一些大学生不同程度地存在政治信仰迷茫、理想信念模糊、价值取向扭曲、社会责任感缺乏、团结协作观念较差、安全意识淡薄、心理素质欠佳等问题。同时，面对新形势、新情况，高校大学生的安全教育工作也存在一些不适应现象和薄弱环节。以和谐理念来看大学生安全教育，不难发现目前大学生安全教育尚存在许多不和谐的方面。

大学生的安全问题不同于社会层面一般的安全问题。一旦发生安全事件，涉及面广、社会反响强烈、危害后果不可低估，而防范高校安全事件发生的最有效途径就是对大学生开展广泛的安全教育。当前，高等院校已逐渐加大对大学生进行安全教育的力度，然而仍有部分安全教育内容不能适应时代发展的要求，主要表现在以下几个方面。

（1）大学生安全教育与知识教育不和谐。

安全教育与知识教育这两个方面应该是相互交融的关系，即安全教育融入到知识教育之中，知识教育要担负着安全教育的重任。但在现实中，知识教育与安全教育却被分成了两部分，并且出现了过于重视知识教育而忽视安全教育的现象。

（2）大学生安全教育重视程度与实际效果不和谐。

安全教育在诸多高校的教育计划中往往都是作为头等大事来抓，但在采取实际措施上却往往流于形式，突出表现在某些地方、部门和学校的领导对大学生安全教育工作不够重视，办法不多；学校安全教育理论课程尚未形成系统化，且针对性、实效性不强；安全教育与大学生实际生活结合不紧密；学生安全管理工作与形势发展要求不相适应；安全教育工作队伍建设亟待加强，全社会关心支持大学生安全教育的合力尚未形成等几个方面。

（3）大学生安全教育内容、方法与时代发展的不和谐。

安全教育应是最贴近时代、最贴近学生生活的一种教育活动，然而事实上许多高校对大学生的安全教育工作却十分滞后。长期以来，高等教育内容固有化，针对性不强。在教育方法上，表现为灌输成为教育的唯一方式；在技术层面上，表现为现代教育技术手段运用极少，传统的说教依然畅行。

3. 做好大学生安全教育工作对构建和谐校园有重要作用

大学生安全教育在构建和谐校园中发挥着巨大的功能，起着不可替代的作用。大学生群体的安全教育工作是推进和形成和谐校园的重要基础工程。

（1）大学生安全教育有利于和谐校园理论的宣传与教育。

大学生安全教育能够起到良好的理论宣传作用。理论教育就是要求教育者通过安全教育活动，将和谐校园理论提出的时代背景、重大意义、科学内涵、主要任务、基本特征等内容完整、准确地传授给学生。不断提高大学生自身的理论水平，使其把握和谐校园理论的精髓，为更好地开展理论宣传创造条件。

（2）大学生安全教育有利于建设和谐校园。

① 和谐校园的建设有利于培养大学生的社会责任意识。在当前学校改革与发展的过程当中，不可避免地存在着一些与学生意志不符、影响学校和谐稳定的事情。例如，学校新老校区建设中带来的资源条件差别和校园文化氛围的差距，高校后勤改革之后引发的学生医疗、食宿问题，物价上涨问题等。大学生安全教育要引导学生正确处理这些矛盾，正确看待这些问题。使他们认识到这些问题只是眼前的、暂时的，会随着学校改革的完善和不断发展慢慢消除，以此来培养学生的社会责任意识。

② 在和谐校园的建设中，大学生安全教育有利于保持学校的政治和治安稳定，更有利于维护全社会的稳定。大学生容易接受新的思想观念和社会思潮，但也容易被错误的思想观念所误导。大学生安全教育要致力于解决有关政治稳定、国家安全和涉及学生切身利益的事情，维护校园的政治和治安稳定。

③ 和谐校园的建设有利于培养学生的合作精神、诚信意识。合作精神和诚信意识是大学生素质中两个非常重要的内容。大学生安全教育要培养学生在平时的学习、工作、生活中与他人积极合作，团结友爱，还要培养学生的诚信意识，通过树立榜样、注重宣传、教师以身作则等方法在全校乃至全社会形成合作和诚信的良好风气。

4. 大学生应在建设和谐校园中发挥重要作用

大学生是大学校园的主体，是大学校园的最重要组成部分，构建和谐校园的任一举措都与大学生有着密切的关系。例如，建立好的学风、校风离不开大学生的优良表现；形成良好的师生关系、同学关系离不开大学生参与和奉献付出等。因此，构建和谐校园需要大学生提高思想素质，发挥自己特有的作用。

（1）加强自身修养，从自己做起，大力强化爱校意识，维护校园和谐环境，促进和谐校园建设。

① 杜绝“课桌文化”，不在公共场所乱贴乱画。

② 购物、买饭排队时，不要乱成一团或乱插队，日常生活中不浪费粮食。

③ 上课关掉手机或调到静音，营造和谐的师生关系。

④ 不在宿舍内喧哗吵闹，以免影响他人休息。

⑤ 爱惜校园内的一草一木，不随意践踏。

⑥ 遵纪守法，维护校园良好治安秩序。

⑦ 男女文明交往，不在公共场合做出不合规范的举动。

（2）妥善处理各种关系。

① 师生关系。师生间的主要矛盾是教师通过课堂讲授和行为示范对学生施加教育影响与学生能否接受的矛盾。师生关系是构建和谐校园所应关注的重要内容，以情感为基础，沟通思想，建立一种心理相融的新型师生关系十分必要。

② 大学生之间的关系。作为共同的受教育者，学生与学生有着很多共同的利益，但由于学生思想状况复杂，性格差别大等原因，彼此之间也容易引发矛盾。大学生要珍惜同学间的友情，遇事要多考虑，从大处着想，尤其要站在对方的立场上考虑问题，使矛盾化解。若发生不愉快的事情，一定要检讨自己，宽容别人，绝对不能由一般的口角发展成为打架斗殴等伤害事件。这样，构建和谐校园的愿望才会实现。

（3）乐于助人，发扬奉献精神；热爱集体，发扬集体主义精神。

① 互帮互助，团结友爱，在别人遇到困难、挫折时及时施以援手。

② 积极参加各种志愿活动，为社会、学校、群众开展无偿服务，勇于奉献。

③ 把集体利益放在个人利益之上，遇事多为集体考虑。

（4）加强社会主义公德修养，树立社会主义道德观。

① 要认真学习公民道德实施纲要，坚持知行合一，积极开展道德实践活动，把道德实践融入学习生活中去。

② 要以“八荣八耻”为行动指南，牢固树立社会主义荣辱观。

第二节　养成良好的住宿习惯

大学生从走入大学的那一刻起，就开始了大学的集体生活。大学生的集体生活首先体现在大学生的宿舍生活之中。宿舍既是大学生生活、学习、休息的地方，又是学生交流思想、培养综合素质的重要活动场所。大学是学生的乐园，远离了社会的污浊，但是和谐并不代表没有不安全因素，学校宿舍仍然存在安全隐患。随着近几年大学的扩招，学校人员构成开始复杂化，许多犯罪分子也趁机进入校园之中违法犯罪，有一小部分大学生也走向犯罪的行列，所以加强大学生宿舍安全规范，排除大学校园安全隐患是大学生校园安全的重要保障。

一、宿舍常见安全隐患与防范

大学生有相当长的时间是在集体宿舍里度过的。良好的宿舍环境不仅能使学生感到安全、舒适，而且能为其带来平和愉悦的心情，对大学生产生潜移默化的影响。因此，优化宿舍管理，创建一个文明健康、舒适整洁、安全有序的宿舍环境，将对大学生的心理健康发展起到积极的促进作用。

1. 用电安全

（1）经常出现的用电不安全因素。

① 电器使用违规。一些大学生知识储备不足，对很多电器的基本安全使用常识欠缺，容易发生用电安全问题。

② 电器物品堆放杂乱。有些大学生不注意生活物品的整理，大大小小的东西相对比较多，经常把东西随便乱扔，也不注意电器和物品应相隔一定距离摆放，这样就容易引起用电安全的问题。

③ 缺乏用电安全意识，电线乱拉乱接。安全教育不到位，用电安全的意识不强，麻痹大意，以为危险不会降临到自己头上，不能做好防范，放松了对于用电安全的学习。

④ 电器线路老化。有些宿舍的用电线路长久没有更换，线路老化、漏电，学生在不注意的情况下就容易发生危险。

（2）用电安全的防范。要将安全用电行为的教育、管理工作列入学生日常安全教育范畴，定期采用各种形式对学生进行安全用电教育。

大学生应爱护用电设施，如发现电线损坏、裸露、漏电等现象，应及时报告后勤或者相关老师，等待相关人员的维修。

大学生离开宿舍应及时关闭相应电源，不得让电器长时间处于通电或待机状态，要养成节约用电的良好习惯。

大学生不得在宿舍内、走廊、卫生间、洗漱间、储藏室等处私自拆、接电源线，不得私自安装灯头、插座，不得擅自增设宿舍内的供电设施及供电线路，不得破坏宿舍楼内的供电线槽和供电电缆，不得拆修配电设施等。

大学生不得在宿舍内使用热得快、电热杯、电壶、电炉、电热锅、电饭锅等大功率的电加热和电制冷、电炊器具。

大学生不得在灯具上拴蚊帐、晾晒衣物、悬挂装饰物；禁止将电线缠绕在床头，在电器上悬挂覆盖饰品等易燃物品。使用蜡烛或蚊香等时应放置于安全的位置，以免发生危险。

大学学生宿舍管理部门应该对学生宿舍安全用电情况采取不定期检查制度。检查内容包括：公共电器设施的完好和损坏，普通电器的使用情况，是否存在擅自拉电线现象，是否有存在安全隐患的现象。

2. 防范盗窃

（1）大学生宿舍盗窃案件的主要行窃方式。

① 盗窃分子趁主人不备将放在桌上、走廊、阳台等处的钱物信手拈来而占为已有。

② 盗窃分子趁主人不在，房门、抽屉未锁之机入室行窃。

③ 盗窃分子用竹竿等工具在窗外将被害人的衣服钩走，有的甚至把纱窗弄坏，钩走被害人放在桌上、床上的衣物。

④ 盗窃分子翻越没有牢固防范设施的窗户、气窗等入室行窃。入室窃得所要钱物后，常常又堂而皇之地从大门离去。

⑤ 盗窃分子使用各种工具撬开门锁而入室行窃。

（2）大学生宿舍防盗措施。

大学生自己要增强安全防盗意识，注意保管好自己的钥匙，包括宿舍、箱包、抽屉等处的各种钥匙，不能随便借给他人或乱丢乱放，以防“不速之客”伺机行窃。

一定要养成随手关窗、随手锁门的习惯，以防盗窃犯罪分子乘隙而入。特别是最后离开的同学，千万不要因为时间紧迫或嫌麻烦而放松警惕。

不要留宿外来人员。如果违反学校学生宿舍管理规定，随便留宿不知底细的人，就等于引狼入室而将会后患无穷。

遇到可疑人员，同学们应主动上前询问，如果来人说不出正当理由又说不清学校的基本情况、疑点较多且神色慌张时，需要进一步盘问，必要时可交值班人员处理。

如果发现来人携带有可能是作案工具或赃物等的证据时，则必须立即报告值班人员和学校保卫部门。

学校通过增加值班、巡逻等安全防范工作，保护大学生财物的安全。同学们应积极参加宿舍安全值班，协助学校保卫部门做好安全防范工作。

3. 火灾防范

（1）大学校园火灾的预防。

• 树立安全防范意识。火灾多是因为学生疏于防范、没有做好火灾防护、对于火灾的重视不够而引起的，所以要加强教育和宣传，让同学对火灾安全问题加以重视。

• 加强消防设施建设。很多火灾都是因为没有相应的消防设施，例如，没有安全通道等，才会引发严重的火灾后果，所以要加强基础设施建设，做好防范。

• 管制校园人口流动。学校内经常会有无关人员的流动，这就加大了不安全系数，容易引发事故，由此就要加强学校巡逻，监督学校内的人口流动，严格管制。

• 加强电器的使用规范。由于电器的违规使用而导致的火灾不在少数，我们要加强电器的管理，消除违规电器的使用，对学生的生活进行监督。

• 加强用电安全宣传。学校要定期加强用电知识安全宣传，从根本上杜绝用电性火灾的发生，大学生之间要相互提醒用电安全，降低火灾发生的概率。

• 熟悉安全通道。大学生在入住宿舍之时就应该搞清楚宿舍的安全通道在什么地方，如果发生火灾应该采取什么样的措施进行自救，并帮助他人逃生。

• 加强防火演练。学校要定期组织大学生进行防火演练，并借机向大学生讲授防火逃生知识，防患于未然。

（2）火灾中的逃生。

• 遇到火灾从楼梯向下层逃生时，要用湿毛巾捂住口鼻，用水浇湿衣服，以较低身姿快速有序地冲出烟区，到达安全疏散口。

• 如果疏散楼道被烟气严重污染不能通过，起火楼层以上学生可向上层疏散，直至楼顶。在楼顶等待救援。

• 火势蔓延很快，未能及时疏散逃离，可撤离到未起火房间，并将房间门窗关严，用湿毛巾把门缝堵严，防止烟气侵入。

• 如火势太猛，可将床单、被罩、窗帘等撕成宽条，连接成绳索，将绳索一端牢系在暖气管道或其他牢固物体上，抓住绳索，由窗外墙体滑下。

• 不乘普通电梯，不轻易跳楼，不贪恋财物。

• 当无处可逃时，就躲在房间内，可向门窗浇水，以减缓火势的蔓延。

- 可以通过窗口向下面呼喊、招手、打亮手电筒、抛掷物品等，发出求救信号，等待消防队员的救援。
- 不要向狭窄的角落逃避。由于对烟火的恐惧，受灾者往往向狭窄角落逃避，如床下、墙角、桌底等角落，结果是十有九死。
- 不要重返火场。受害者一经脱离危险区域，就必须留在安全区域，如有情况，应及时向救助人员反映，绝对不要重返火场。
- 非跳即死的情况下跳楼时，要选择往楼下的车棚、草地、水池或树上跳，以减缓冲击力。不到万不得已，一定要坚持等待消防队的救援。

火场逃生时，一定要稳定情绪，克服惊慌，冷静地选择逃生办法和途径。

二、校外租房注意事项

很多大学生选择在校外租房居住，社会不同于大学校园，往往容易发生意想不到的安全问题，威胁大学生的身心健康发展，所以在校外租房的大学生必须做好校外的安全防护。

1. 防盗

（1）离开要锁门，不要怕麻烦，要养成随手关、锁门的习惯。

（2）不能随便留宿不知底细的人。

（3）对形迹可疑的陌生人应提高警惕。

（4）注意保管好自己的钥匙，不要随便借给他人。

（5）检查租住房的门、窗、锁是否完好及防护能力。

（6）对所租住的地区的环境、秩序、人员结构要基本了解。

2. 防范性侵犯

（1）租房的位置离学校越近越好，这样既便于往返，也便于在出现意外时及时得到学校的帮助。

（2）尽量不与互不熟悉的人合租，尤其是不熟悉的异性，最好是同学合租。

（3）休息的时候关好门窗，检查好室内防护。

（4）尽量不要让不熟悉的人进入自己的房间。

3. 其他应该注意的事项

签订租房合同前，一定要让房主拿出产权证和身份证进行核对，看看这房子是不是这个人的。如果不是产权人，最好不要租二房东、三房东的转手房，如果一定要租，则要让前任承租者拿出租房合同等证明，以免上当。签下合同后，就要留下房东的联系方式，越详细越好。

在签租房合同时，还要明确租房日期、期限、租金变更方式等，避免使用模糊语言。出租房内原有的家具、家电等设施要在合同中详细列明，包括数量和价格等最好写清楚。对于这些附属设施设备的维修义务也应当明确约定，东西坏了谁来修、费用由谁支出等都要事先约定好。

水费、电费、电话费、物业管理费等费用负担当然也要事先谈妥。这些费用是否包括在房租内？如果不包括，是每个月定额，还是按照实际使用的费用由承租一方负担？

违约责任要明确。比如，出租人逾期交付房屋，或者租期结束承租人逾期退租的，可以每日按高于租金标准收取违约金；若出租人擅自收回房屋，或者承租人擅自退租的，可约定一次性承担较高的违约金，也可以约定支付未使用租期的租金作为违约金。

见房东时，应多约上几人一同前往。看房最好不要在晚上，应选择在白天人多的时候。发布租房信息最好通过正规的房屋中介公司。

思考题

1. 你认为遵守校规校纪对大学生的成长能起到重要作用吗？
2. 和你周围的同学一起讨论一下大学生对安全问题的重视程度。
3. 你身边的同学曾遇到过哪些安全事故？

第4章 正确处理校园人际关系

Chapter 4

大学生的成长环境、学习和生活方式较中学时代发生了很大变化。同学之间生活上的相互照顾，学习上的相互帮助，活动中的相互支持，感情上的相互交流，师生间的教学相长，都需要有一个良好的思想、行为、情感的沟通，这就对大学生提出了具备更高的人际交往能力的要求。

第一节　建立平等的交往关系

当今社会，人际交往已成为现代生活的重要内容。借助先进的通信和交通工具，每一个人都可以同整个地区、整个国家乃至整个世界联系在一起，人们的活动范围在延伸，生活空间在扩大，人际交往日益密切。

当今社会的显著特点是信息性和开放性，人们借助广播、电视、报纸等大众传播媒介筛选和获取大量信息，并通过更直接的人际间广泛的社会交往来实现沟通和交流。因此，建立良好的人际关系至关重要，而要与周围的人保持良好的人际关系，就必须学会求同存异，具备宽宏豁达的心理品质，就必须做到以诚相待，多为别人着想。

良好的人际交往能力是一个人生存发展的必要条件，也是人们社会生活的基本能力，同时还是一种状况适应能力，即一种愉快地调整与周围环境关系的能力。各种职业都需要从业人员有一定的人际交往能力，而教师、行政管理人员、外交人员、推销员、采购员、服务员、公关工作者、咨询人员、组织人事工作者、各种调解员、律师、导游、社会服务工作人员以及社会学、心理学、教育学等学科的研究人员则要求有较高的人际交往能力。作为新时期的大学生，更应掌握人际交往能力，建立良好的人际关系。

一、人际关系交往技巧

成功的人生是需要自我推销和自我展示的，大学生必须掌握与他人交往的能力，才能在毕业后正确处理与他人的关系，从而在社会竞争中找到立足之地。现实中，在人际交往关系的处理上，部分大学生发觉自己总是处于被动局面，甚至有时候想表达或展示自己，却总是差强人意。其实，要处理好人际关系，一方面需要把握真诚待人、与人为善的总原则，另一方面还需要掌握一定的技巧，在与他人交往相处过程中，大方得体，让他人觉得快乐、愉悦才是最好的。人际交往的魅力需要在日常生活中加以锻炼，大学生要善于寻找机会磨炼自己，在实践中提升自己处理人际关系的能力。

1. 人际交往技巧的重要性

交往能力是现代人必须具备的基本素质之一。大学生不论是在学校学习，还是毕业后的职业生活，都不可能没有人际交往。掌握人际交往技巧的重要性主要体现在以下两个方面。

（1）人际交往是维护大学生身心健康的重要途径。

处于青年期的大学生，思想活跃、感情丰富，人际交往的需要极为强烈，人人都渴望真诚友爱，大家都力图通过人际交往获得友谊，满足自己物质和精神上的需要。

① 人际关系影响大学生的生理和心理状况。

积极的人际交往，良好的人际关系，可以使人精神愉快、情绪饱满、充满信心，保持乐观的人生态度，从而可以化解因面对新环境、新对象和紧张学习生活而导致的心理问题。

一般说来，具有良好人际关系的学生，大都能保持开朗的性格，热情乐观的态度，从而正确认识、对待各种现实问题，化解学习、生活中的各种矛盾，形成积极向上的优秀品质，迅速适应大学生活。相反，如果缺乏积极的人际交往，不能正确地对待自己和别人，心胸狭隘，目光短浅，则容易形成精神上、心理上的巨大压力，难以化解心理矛盾。严重的还可能导致病态心理，如果得不到及时的疏导，可能形成恶性循环而严重影响身心健康。

② 人际交往影响大学生的情绪和情感变化。

大学生正处于人生的黄金时期，在心理、生理和社会化方面逐步走向成熟。但在这个过程中，一旦遇到不良因素的影响，就容易导致焦虑、紧张、恐惧、愤怒等不良情绪，影响学习和生活。

实践证明，友好、和谐、协调的人际交往，有利于大学生对不良情绪和情感的控制和发泄。

③ 人际交往影响大学生的精神生活。

大学生情感丰富，在紧张的学习之余，需要进行彼此之间的情感交流，讨论理想、人生，诉说喜怒哀乐，人际交往正是实现这一愿望的最好方式。通过人际交往，可以满足大学生对友谊、归属、安全的需要，可以更深刻、更生动地体会到自己在集体中的价值，并产生对集体和他人的亲密感和依恋之情，从而获得充实的、愉快的精神生活，促进身心健康。

（2）人际交往是大学生成长成才的重要保证。

① 人际交往是交流信息、获取知识的重要途径。

现代社会是信息社会，信息量之大、价值之高是前所未有的。通过人际交往，我们可以相互传递、交流信息、成果，丰富经验，增长见识，开阔视野，活跃思维，启迪思想。

② 人际交往是个体认识自我、完善自我的重要手段。

孔子曾说过：“独学而无友，则孤陋而寡闻”，从中也可看出人际交往的重要性。

人际交往可以帮助我们提高对自己、对别人的认识。在交往过程中，彼此从言谈举止中认识对方，同时，又从对方对自己的反应和评价中认识自己。交往面越宽，交往越深，对对方的认识越完整，对自己的认识也就越深刻。只有对他人认识全面，对自己认识深刻，才能得到别人的理解、同情、关怀和帮助，自我完善才可能实现。

③ 人际交往是一个集体成长和社会发展的需要。

人际交往是协调集体关系、形成集体合力的纽带。一个良好的集体，能促进青年学生优良个性品质的形成。如正义感、同情心、乐观向上等都是在民主、和睦、友爱的人际关系中成长起来的。良好的人际关系还能够增进学生集体的凝聚力，成为集体中最重要的教育力量。

2. 良好人际关系的建立

大学生可以主要从以下几个方面去努力建立良好的人际关系。

（1）建立良好的第一印象。

罗伯特·庞德说过，“这是一个两分钟的世界，你只有一分钟展示给人们你是谁，另一分钟让他们喜欢你”，说的就是第一印象在人际交往中具有重要作用。人们会在初次交往的短短几分钟内形成对交往对象的一个总体印象，如果这个第一印象是良好的，那么人际吸引的强度就大；如果第一印象不是很好，则人际吸引的强度就小。而在人际关系的建立与稳定的过程中，最初的印象同样会深刻地影响交往的深度。建立良好的第一印象有以下6种途径。

① 与人初次相识，要穿着得体，整齐，你的外表就代表了你。

② 面带微笑，保持与别人的目光接触，表示你的专注和对别人的重视。

③ 要用力紧握别人的手，但时间不要太长。

④ 用自己的身体语言展示出自信的态度，保持自己的仪态，保持上身挺立。

⑤ 把你的注意力给予别人，学会倾听。

⑥ 尊重别人隐私，让别人自然地感到他很重要。

（2）加强交往，主动交往。

人际关系是通过高质量的交往建立起来的，经常交往，有助于逐步加深相互了解，不断提高人际关系水平，即使两个人的关系比较紧张，通过交往，也有可能逐步消除猜疑、误会。很多同学之所以缺乏成功的交往，仅仅是因为他们总是采取消极、被动的人际交往方式，甚至期待友谊和爱情从天而降，这些同学只想做交往的响应者，而不去做交往的始动者。根据人际交往的交互性原则，别人无缘无故对你感兴趣是不太可能的，因此，如果你想与别人建立良好的人际关系，就必须主动交往。

（3）切勿过多关注自己。

事实证明，当你能够把注意力集中到别人身上，建立良好人际关系的可能性就会大大增加。反之，过多关注自己的人很少能建立良好而持久的人际关系。

（4）真诚关心别人、主动帮助别人。

这是建立良好人际关系和人生成功的关键所在。人们知道你是否关心他们之后，才会在乎你是否了解他们。无论你有什么本领、特长，受教育程度有多高，都不如真心实意的关心更能给人深刻的印象。

（5）平等交往，充分体现别人的价值。

不低估任何人的价值，把每个人都当做重要人物看待，称赞和尊重别人，使对方觉得自己受重视，感到自己很重要，可以帮助你建立起良好的人际关系。

（6）善于倾听别人意见，学会从对方的角度看问题。

特别善于建立良好人际关系的人，有一个共同特点，就是他们能认真倾听别人谈话。在倾听中了解对方的兴趣所在、关注的焦点，通过共同的话题，促进交流。“己所不欲，勿施于人”，要学会站在别人的立场上，设身处地为别人着想，这样才能实现与别人的情感交流，拉近人和人之间的距离。

（7）学会调动别人的兴趣。

要与别人建立良好人际关系，最佳方法是把注意力集中在对方的兴趣所在。如果他的兴趣是你所不懂的东西，就利用你们的交流了解一下。如果你也有同样的兴趣，你会觉得聊起来很有意思。

（8）真诚相处，交流思想。

常言说得好，“浇花浇根，交人交心”，这正是人缘好的关键，只有交心才能使人感到真诚。因此，在交往中切忌虚伪，这是相互信任的基础。

（9）谦虚交往，和气待人。

与人交往要谦虚，待人要和气，尊重他人，避免直接指责、争论，要学会肯定对方，尊重对方的言行，否则事与愿违。

（10）举止大方、幽默风趣。

培养开朗、活泼的个性，让对方觉得和你在一起是愉快的，使别人与你相处过程中感到轻松、自在，激发他人的交往动机。要注意语言的魅力，安慰受创伤的人，鼓励失败的人，称赞取得成就的人，帮助有困难的人，用真诚的语言打动对方，使对方也真诚待你。

适度的幽默会让你在朋友圈里很受欢迎，平时要注重培养自己幽默风趣的言行，幽默而不失分寸，风趣而不显轻浮，给人以美的享受和愉快的心情。

（11）不向朋友借钱。

尽量不要向朋友借钱，因为钱往往会成为影响朋友之间感情的罪魁祸首，更不要随便讲哥们义气，这会害你一辈子。

（12）善于克己，处事果断。

处事果断、富有主见、精神饱满、充满自信的人容易激发别人的交往动机，获得别人的信任，同时要善于克制自己，善于“化干戈为玉帛”，给别人也给自己留有余地。

（13）经常锻炼自己交往的能力。

与自己要好的朋友要经常保持联系，经常互致问候，经常性的交往是维持和增进感情的纽带；多参加大学社团、学生会活动，掌握自己在实际交往中的技巧，增长自己在实际交往中的经验。

3. 拜访别人应注意的问题

（1）串门应把握恰当的时机。

如果你在别人最忙的时候去串门，别人肯定不会有心与你交谈，有时甚至会引起别人反感。如果你在别人休息、会客或急需安静的时候去串门，亦常常会引起不愉快。一般来说，串门应避开别人进餐、午休等时间，拜访老人应注意时间不要过晚、过长，到朋友家应先问一下主人是否有约会，到“以文会友”的朋友家应留神对方是否在赶写稿件等。

（2）应寻找合适的地点。

交谈并非局限于家里，可以另择合适的处所或边散步边聊天。

（3）选择适当对象。

要注意选择和自己志趣相同的新的活动圈子和对象。

（4）方法应高雅文明。

串门如能先给对方打个招呼，征得对方同意，效果就会好得多。有些人串门喜欢高声谈论，影响邻居和家人休息，会使人产生反感。

（5）谈话把握分寸。

串门应尽量避免讨论他人、搬弄是非，力戒庸俗低下的交往。

（6）看望病人要真诚。

看望生病的同学或朋友时，要很自然地坐在他的床上，可以握住他的手嘘寒问暖，让他感觉到你的真诚。

二、如何化解矛盾

改善人际关系，增进人际交往，不仅对心理健康影响重大，而且是一个人生存和发展的必要条件。现实生活中，与他人交往过程中的摩擦是不可完全避免的，因此，除了培养与他人和谐相处的能力之外，还必须学会如何化解与他人的矛盾。

人类普遍存在着自尊的需要，只有在自尊心高度满足的情况下，他才会产生最大程度的愉悦，才会易于接受人际交往中对方的态度、观点。而处于青春期的大学生自尊心极强，因而在交往中首先就必须肯定且尊重对方，既表现出高度的热情，又坦诚言明自身的利益，显得真诚而又合情合理。这样，自然会得到对方的接纳，为成功交往架起了一道桥梁。

1. 树立正确的交往观念，真诚与他人交往

（1）要善于选择交往对象，择善而交。孔子云："益者三友，损者三友，友直、友谅、友多闻，益矣；友便辟、友善柔、友便佞，损矣。"所以大学生要选择人品好、情操高尚、诚实可信、志同道合的人作为朋友，不要爱慕虚荣，只重视外表、金钱、地位等外在因素。

（2）要树立正确的态度，克服自我中心意识。古人云："敬人者，人恒敬之。"人与人交往贵在平等，交往双方能坦诚相待，多为对方考虑，克服自我为中心的观念，尊重他人的人格、工作、成果、语言等，不把自己的观点强加给别人，树立正确的交往观念，真诚与他人交往。

2. 大学生人际交往需遵循的五个原则

（1）平等原则。每个人都有自尊和被人尊重的需要，在人际交往中要平等待人，相互关心、相互帮助，共同进步，只有这样才能避免矛盾的产生。

（2）互利原则。互利包括精神与物质两个方面的互利，人际交往是以能否满足交往双方的需要为基础的，只有交往双方都得到满足，双方的交往才会进行下去。

（3）信用原则。诚信是中华民族的优良美德之一，也是人际交往的首要原则，在交往中要说真话、办实事、言而有信、言出必行、不轻易许诺，交往以诚信为本。

（4）宽容原则。人与人之间总是存在差别，这就需要求同存异，相互容纳，彼此理解对方，才能与人正常交往与相处，才能赢得更多的朋友。

（5）尊重原则。在人际交往中，要善于发现并且鼓励赞扬对方的优点与长处，礼貌相待，尊重对方的言行，才能相互促进与相互提高，否则只能使关系越来越糟。

3. 掌握交往艺术，避免矛盾产生

大学生要维护人际关系，避免矛盾产生和及时化解矛盾，需要学习一定的技巧，特别要做到以下几点。

（1）互相尊重，求同存异。

大学生年轻气盛，经常发生争论。事实证明，争论会引起双方极强的不快，有时甚至会演化成直接的人身攻击，对于人际关系是非常有害的。

同学来自五湖四海，因成长环境、生活习惯的不同，相互之间存在着个性差异是完全可以理解的，彼此应当求同存异，互相尊重，以讨论、协商等途径解决观点上的不一致。要做到这一点首先必须严于律己，注意自己的一言一行，注重内省；其次要一分为二地看待同学，多从积极方面看待同学；第三要尊重同学的个性和习惯，不因彼此的个性差异而疏远同学，挫伤同学自尊心。

（2）胸襟宽阔，学会赞扬。

当有人在你面前说你坏话的时候，你要学会微笑，要有宽大的胸襟来包容对方。坚持在别人背后说好话，而不要在背后议论他人是非，这样你的路就会越走越宽。

（3）严于律己，宽以待人，勇于承认自己的错误。

承认错误是一种自我否定，但承认错误会给自己带来巨大的轻松感，明知错了而不承认，会背上沉重的思想包袱，使自己在别人的面前始终不能自如地昂起头。另外，承认自己的错误等于变相地肯定了别人，从而维持人际关系的稳定。

（4）互相帮助，学会感恩。

在同学交往中，一方面要善于取人之长补己之短，不断丰富自己；另一方面更要扬己之长给同学以帮助。当然，帮助同学时要注意分寸，不能刻意炫耀、卖弄、表现自己；帮助同学还必须坚持原则，不能为了友谊或为了情面而不负责任地瞎帮忙。大学生中讲哥们义气，考试协同作弊甚至考试代考等现象还时常发生，结果害了同学也害了自己，严重损害了现代大学生的良好形象。不要把别人对你的好视为理所当然，不要一味地索取，要知道朋友交往是相互的，要彼此付出，要有感恩的心，要知道感恩。

（5）维护大局，学会批评。

任何自作聪明的批评都会招致别人的厌烦，而缺乏理解的责怪和抱怨则更是有损于人际关系的发展。批评与自我批评是有力的武器，大学生要维护团结的大局，从团结愿望出发，经过批评与自我批评，达到新的团结。批评时应当学会原则问题决不妥协，方式上应和风细雨，不到不得已时，决不要自作聪明地批评别人。学会用提醒别人的方式，使别人感到自己并不认为他不聪明或无知，决不要 伤及别人的自我价值感和自尊心。但是，有时善意的批评是对别人行为的很有必要的一种反馈方式。因此，学会批评还是很有必要的。要学会不会招致别人厌烦的批评方式：① 批评从称赞和诚挚感谢入手；② 自我批评总会让人相信，自我批评不仅是一种反省自己的措施，也是表现真诚的手段，改掉自己的缺点你会有更多的朋友；③ 用暗示的方式提醒他人注意自己的错误；④ 给别人保留面子；⑤ 对事不对人，即使朋友的做法不对甚至伤害了你，也要跟他讲明白，以理服人，不要伤害了朋友的感情，对事无情，但对人要有情。

第二节　正确处理恋爱关系

一般来说，一个没有自尊的人，就很难得到别人对他的尊重。别人能够欣赏我们的长处，不嘲笑我们的弱点，这种被尊重更能使我们体验到快乐与感动。真正有自尊心的人，必定是知耻的人，知耻是自尊的重要表现，自尊的人最看重自己的人格。诚然，自尊的人也是懂得自爱的人，不自爱的人就无自尊可言。自爱的人往往把关心自己的言行看作头等大事，但这不是自私的表现，不懂得自爱的人，就没有能力去爱别人。自爱，把自己的生活安排得有条不紊，认认真真地工作，踏踏实实地做人。自爱的人，会有远大的理想，强烈追求个人发展的最大空间，努力实现自身的人生价值；自爱的人，懂得爱护自己的身体，珍惜自己的名誉。要自尊要自爱，就要学会自省，自省即自我反省，就是通过自我意识来省察自己言行的过程。古人云："吾日三省吾身。"就是要学会反省自己，发现自己的错误或者不足，及时改正，避免错误的扩大化。自省是自我意识能动性的表现，是行之有效的德行修养的方法，也是自尊、自爱的重要保障。大学生必须自尊、自爱、自省，要学会驾驭好自己的感情，实现自己的人生价值。

一、正确的爱情观

爱情是一个曾被多少诗人、学者赞美了几千年的话题，也是人生必不可少的组成部分。随着大学生心理、生理的渐渐成熟，爱情也悄悄在大学生身上萌芽，成为大学生大学生活重要的一部分，也是大学生在大学期间最为关注的话题之一，大学生恋爱已是最常见、最亮丽的大学风景。但是由于大学生的思想不成熟，恋爱经验缺乏，爱情问题也成了最困扰大学生生活的问题之一，严重者甚至影响到他们正常的学习、生活，影响他们身心的健康发展。因此，正确地认识爱情的本质特征，认识爱情在人生中的位置和重要性，是建立正确恋爱观的基础，也是青年大学生谨慎驾驭爱情之舟的前提，大学生树立正确的爱情观很有必要。

1. 当代大学生恋爱的特点

（1）恋爱普遍化、公开化。

大学生在恋爱面前不再遮遮掩掩，甚至认为恋爱是大学的“必修课”。在教室、食堂、操场、道路等公共场合中随处可见一对对的大学生恋人们的身影。

（2）恋爱动机的多样化。

据调查统计，以“建立家庭”为恋爱目的的大学生只占 30%，更多的是以“丰富感情生活”、“摆脱孤独寂寞”为目的，也有爱慕虚荣，为追求金钱、名誉和地位的。一些人只注重恋爱过程的情感投入和体验，脱离了“交往—恋爱—结婚”的传统爱情三步曲，认为恋爱不必托付终身。

（3）恋爱随意性大。

主要表现为恋爱周期缩短，频率增快。由于许多同学恋爱凭的是一时的冲动，对未来的事考虑得不是很清楚，通常是在交往一段时间后发现有一个更适合自己的人，于是马上分手，接着与另一个人恋爱。

（4）恋爱成功率低。

由于恋爱随意性大，在校期间成功率就低。另外，大学毕业后不能在一起工作，这也是导致大学生恋人分手的主要原因。每年的五、六月份，是毕业的季节，也是分手的季节。

（5）网恋日益盛行。

除了传统的恋爱形式外，随着网络的发展与普及，恋爱又有了其虚拟形式：网恋。无形的网络开始取代月老的红线，许多未曾谋面甚至远隔重洋的男女，通过网络聊天、网上婚介等途径相识、相恋。网恋已经成为年轻人的生活新公式，也成为 e 时代少男少女的一种新时尚，大学校园本来就充满着浪漫的气息，大学生又对新事物有强烈的猎奇心理，且网络已十分普及，因此，在高校里上网聊天和网恋更为流行。

2. 一些大学生在恋爱问题上存在模糊认识

（1）误把好感当爱情。

青春萌动的大学生往往在相识而不相知的情况下就产生恋爱的念头，盲目陷入自己设想的爱情之中。大学这个时期特别容易把友情当爱情，把好感当成爱意，产生盲目的单相思。这些念头是极具危害性的，不仅可能伤害自己，影响学习、生活，而且这样的行为也可能影响到他人的学习、生活。

（2）慰藉解闷谈恋爱。

当代一些大学生的恋爱观不再是为组成家庭而去恋爱的传统观点，只是觉得生活太无聊、太单调，高考压力过后的“解放”，让许多大学生开始觉察到生活的单调，有一些大学生恋爱只是为了弥补生活的空虚，借恋爱来消磨自己的时间，使自己不再空虚，有事可做。

（3）恋爱婚姻两回事。

一些大学生的恋爱观念中恋爱是恋爱、婚姻是婚姻，两者是完全不同的两回事。他们只是通过恋爱来增长自己对未来婚姻的经验，恋爱不等同于婚姻，去恋爱只是为了不浪费青春。这是对恋爱的一个很大的误区。

（4）唯爱情至高无上。

一部分大学生为了不浪费青春而恋爱，而另一些大学生对爱情有着很高的神圣感，但是把爱情看得太过于重要，认为爱情是自己生活的全部，愿为自己的爱情付出全部，这是一个极其不好的观念，一旦失恋很有可能引发心理疾病，甚至产生自杀倾向，危及自己与他人的生命安全。

（5）别人有，我也该有。

恋爱的攀比心理是大学生恋爱行为增多的另一个原因，许多大学生认为恋爱是一件极其光荣的事情，可以显示自己的魅力，同时可以赢得良好的人缘，没有恋爱的同学会被看不起，会被认为缺少魅力。所以许多大学生是抱着“别人有我也该有”的心理去恋爱的，这样的爱情理智性与成熟性又在何处呢？

（6）追求外表胜过内在修养。

追求外表是由于攀比心理引发的大学生恋爱观念的误区，虽然自古爱美之心人皆有之，但是这种只重外表不重内涵的恋爱观是错误的，这不仅仅是大学生恋爱的误区，也是许多人恋爱的一个误区，追求外在美的心理可以理解，但是只注重外在美的观点要坚决摒弃。

3. 大学生要培养正确的爱情观

（1）要正确对待恋爱。

大学生必须正确处理好恋爱、学业两者之间的关系，如果不能处理好两者关系，就可能在这两个方面同时受到打击。大学生应该以学业为重，学习各种知识，培养各种能力是大学生进入大学的主要目的。学业高于爱情，提倡大学生要以学业为主，不宜过早地恋爱。但也不要认为爱情是学业的绊脚石，处理得好，爱情也能对学业起到催化作用，会成为事业成功的良好依靠与寄托。

（2）大学生要培养驾驭爱情的能力。

① 迎接爱情的能力。如果一个人心中有了爱就要敢于用正确的方式表达；面对别人的示爱时要能够合理取舍，并及时做出接受或拒绝的选择；能够承受求爱被拒绝或拒绝求爱的心理困扰。

② 拒绝爱情的能力。对于自己不愿意接受或认为不值得接受的爱情应有勇气拒绝。如果不希望爱情到来，拒绝的语气要果断坚决，容不得半点优柔寡断，否则对对方造成的将是更大的伤害。要掌握恰当的处理方法，要掌握说话的方式和尺度，虽然每个人都有拒绝爱的权力，但是也要做到对别人起码的尊重。

（3）大学生要掌握合适的拒绝爱情的方式。

① 态度明朗。如果并无恋爱打算，对于那种单恋的追求者，应该明确拒绝；如果是正在恋爱中或曾经恋爱过的对象，则要冷静地考虑一下有无重归于好的希望与结果。如果不行，要明确告诉对方，让对方打消念头。态度暧昧，模棱两可，会带来更多的麻烦，甚至带来人身伤害。

② 遵守恋爱道德，讲究文明礼貌。在拒绝对方的要求时，要讲明道理，耐心说服；要尊重对方人格，注意语言的使用，不可嘲笑挖苦，更不能在别人面前揭露对方隐私。如果是中断恋爱关系，自己是有责任的，应主动承担责任，表示歉意。

③ 学会寻求帮助。遇到困难，要依靠学校、家庭、朋友。在向对方认真做了工作后，若收到的效果仍然不大，仍制止不了对方的纠缠，或者发现对方可能采取报复行为，要及时向老师和领导汇报，依靠组织妥善处理，防止发生意外事件。

④ 学会冷却，节制往来。要正常相处，但要节制往来。恋爱不成功，但仍是好同学、好朋友，不可以因为恋爱失败就变成了仇人。但是在以后的交往中，最好要节制不必要的往来，以免使对方产生“物是人非”的伤感，或者让对方觉得藕断丝连还有希望，让对方尽快消除由于失恋所造成的心理上的伤害。

（4）大学生要正确处理恋爱挫折。

① 正视恋爱现实。大学生要学会正视现实，爱情是双向、相互的，以双方共同拥有的爱情为基础，失去任何一方，爱情就会失去了平衡，恋爱也即告终止。这时失恋

的一方无论对另一方爱得有多深，都是不现实的了，作为有理智的大学生应该正视这一现实。

② 懂得换位思考。这样做有助于你理解对方终止爱情的原因，理解他（她）此时的迫不得已，以及此时的痛苦，有助于你接受失恋这一痛苦的现实，并及早走出失恋的阴影。

③ 学会感情宣泄。不要过分地隐藏或压抑失恋带来的痛苦，要找适当的方式和对象进行宣泄，主要是找长辈、朋友进行适当的倾诉，否则失恋痛苦会带来长期的压抑，会引发心理疾病。

④ 学会情境转移。失恋后之所以难以摆脱恋情的困扰，就在于生活的方方面面都与昔日的恋人有着千丝万缕的联系，所以要想摆脱失恋的痛苦，就要换一个崭新的环境，暂时离开曾经熟悉的环境。把自己置身于一个欢乐的环境中去，这样有助于心境的开阔和及早地走出失恋的阴影。

⑤ 克服失恋后的空虚感。失恋会带来一种空虚感，刚刚失恋的人往往暂时难以适应，觉得自己无所事事，生活陷入无法自拔的境地。大学生可以用学习、运动或其他方法来充实自己，使自己不再有空余的时间胡思乱想。

⑥ 学会把感情升华。要尽快把失恋升华为一种奋发向上的动力，尽快投入到学习或者工作中去。不可因为失恋而一蹶不振，认为生活、人生都失去了意义。要知道，恋爱虽然是生活的重要组成部分，但不是生活的全部。要正确看待爱情，摆正爱情的位置，处理好爱情之于学习、爱情之于人生、爱情之于婚姻的关系。

（5）保持正确的恋爱动机。恋爱是寻找未来志同道合、白头偕老的终身伴侣，而不是为了寻求安慰解闷，寻找刺激，更不是单纯为了生理的满足。恋爱对象的选择是一个复杂的过程，不能忽视了经济、政治、文化、个性等外界因素，但是共同的理想、共同的品德和情操、共同的人生观点才是最根本、最基础的。恋爱动机的好坏，直接关系到恋爱的成功与否。大学生作为新时代的栋梁，其恋爱观应该是理想、道德、事业的有机结合。

二、大学生感情带来的安全隐患

由恋爱引发的不安全因素也在大学校园中不断增多，安全隐患时时存在于大学生情侣身边，成为危及大学生爱情和身心的主要不安因素。

1. 大学生感情带来的安全隐患

（1）恋爱随意性带来隐患。

不明白爱情的真正内涵，轻易恋爱、分手造成的心理创伤。爱情的本质是承担责任，是给予。许多大学生在恋爱时只求对方为自己付出多少，一旦得不到满足就轻言分手，对身心的健康发展都会造成不可避免的伤害。还有的大学生通过网络，在不了解对方的情况下进行网恋，给自己带来安全隐患。

（2）失恋后的报复心理引发人身伤害的安全隐患。

大学生恋爱双方中的某一方与另一方分手以后，有时会引发另一方的不满，另一方伺机利用各种手段报复打击对方，自己不再幸福，也不让对方幸福，对对方的身心、生活造成影响，甚至引发刑事犯罪。

（3）失恋后带来的人生低潮期的心理隐患。

失恋后伤心是难免的，但是不是永久的。失恋会造成情绪低落，感情受伤，但是失恋只是生活中碰到的一个失败，大学生千万不要以偏概全，受一点伤就把自己完全否定了，觉得人生不再有希望，这些都是不正确的。失恋后要及时处理好自己的心理压力，避免心理问题的发生，必要时寻求心理医生的帮助。

（4）失恋后的心理障碍问题带来的安全隐患。

许多大学生失恋后会找不到自己的价值，开始对自己怀疑，常会失眠、慌乱、头脑中老是想着对方，不顾一切地自甘堕落，甚至产生轻生的念头，给自己带来伤害，这些心理障碍往往会引发心理疾病或者造成自己的人生遗憾。

（5）大学生“三角恋爱”或者“多角恋爱”带来的安全隐患。

爱情讲究的是专一，但是现在的个别大学生抱着及时行乐的价值观，为寻求刺激，朝三暮四、喜新厌旧，造成“三角恋爱”或者“多角恋爱”，由此引发斗殴、报复等恶性安全事故，给自己也给他人造成不可挽回的损失。

2. 大学生要善于以恰当的方式表达和处理男女同学的友谊

（1）自然地、落落大方地进行男女同学间的交往。

（2）交往时男女同学都要学会自尊、自重、自爱。

（3）交往时男女同学都要学会尊重对方，注意自己的言行举止。

3. 大学生要正确对待友谊与爱情，减少矛盾和冲突

正确处理异性交往中友谊与爱情的关系，建立纯洁的异性友谊，减少矛盾和冲突发生，大学生应注意以下几点。

（1）异性交往动机要纯洁。

异性交往应广泛，封闭的异性交往，最易成为邪恶滋生的土壤。因为男女之间性格、气质、爱好等方面有很大的差异，在社会道德风尚、习惯方面也有一定的界限。所以，要注意以下几点，以保持正确的动机：① 保持男女交往的人际距离，尊重男女有别的客观事实；② 注意异性交往环境与场所尽量公开、透明，不要过多地单独活动；③ 多参加男女同学共同参加的活动，建立广泛的异性友谊；④ 交往举止要端庄不轻浮，了解异性的忌讳；⑤ 分清友谊与爱情的界限，异性交往要在友谊许可的范围。

（2）正确对待爱情。

在异性交往中要摆正爱情的位置，正确处理友谊与爱情的关系十分重要。爱情与异性友谊在性质、感情强烈的程度、交往的范围、责任等方面都不相同。当然，异性友谊也会发展成为爱情，但两者在本质上是不同的。爱情的本质是催发人性向善的一面。爱情讲究专一、稳定、痴情；不仅是男女双方情感的交流，也是与自愿承担相应的义务紧密相连的。异性友谊则讲究广泛、平和、发展变化。因此，大学生既不要因不谈恋爱而回避异性交往，更不应仅仅为性爱去接触异性，要认真严肃地对待爱情。大学生对待爱情必须严肃认真，要做到爱情与义务、爱情与责任的统一。那种打着恋爱自由的旗号朝三暮四、轻浮放荡的行为有悖道德和社会规范，是对自己不负责任。

（3）正确处理各种关系。

大学生恋爱不应成为影响自己与同学正常交往、学习、成长的障碍。① 要正确处理恋爱与个人发展的关系，尽可能压缩恋爱时间，以确保能抓住各种机会锻炼、发展自己。② 要正确处理恋爱与学习的关系，让爱情服从于学习，把主要精力放在学业上。③ 要正确处理恋爱与同学交往的关系，不要牺牲与同学的正常交往，影响自己社会化过程的完整。

三、防范性骚扰

“性骚扰”是借用了一个西方化的法律称呼，实际就是传统意义上的“流氓”行为的现代表述方式。不过“性骚扰”行为的涵盖面比“流氓”行为的小一些，仅是指涉及“性权利”方面、违背异性意愿的暗示和挑逗行为。遇到“性骚扰”时要知道如何保护自己，否则会对自己身心健康产生不良影响。下面介绍如何防范性骚扰。

（1）树立自尊自强意识。在工作、学习和生活环境中，树立自己良好的形象，创造较

好的人际关系，善于与他人合作，善于鉴别他人言行，使周围的人不会认为你是弱者。

（2）要有不卑不亢的处世态度。特别是少女，千万不要过早陷入情网；不要与校外或单位之外的男性“近距离”交往；莫与那些年岁较大、“成熟”的男性亲近。早恋往往是失身及性犯罪的“序曲”，少女在任何地方都应该为自身安全着想，早恋是不明智的。

（3）不要看色情书刊和淫秽录像，不要与社会上性方面不检点的人来往，否则极可能受到不良影响而被拉下“水”。到同学家聚会时不要喝酒，加强自律，保护自己。

（4）消除贪图小便宜的心理。对上级领导、同事等，均应保持适度的距离和交往频度，特别不要轻易接受陌生异性的邀请和馈赠，应警惕与个人工作业绩不相符的奖赏和晋级，要依靠工作能力而不是性魅力来获得提升等机会。

（5）在与异性交往时要有足够的性保护意识。有些少女在与异性交往时，接触超过了正常范围，抵挡不住对方的殷勤。由于少女在感情上的不稳定和缺乏经验，难以分辨对方是否属正常追求，容易上当受骗。这时应向知心的同性朋友或者是自己的母亲、姐姐诉说实情，征求意见。

（6）当发觉对方有性骚扰的企图时，要把自己的拒绝态度表达得明确而坚定，不可有丝毫犹豫不决。对于异性的不礼貌、不尊重，不可姑息和马虎，应坚定拒绝不适当的交往方式，不可过分顾及面子。要告诉对方，你对他的行为感到非常厌恶，并告诫他，若一意孤行，必将会产生严重后果。立即离开他，以免自己陷入无保护的境地。

（7）对那些总是探询你的隐私，奉承讨好你，以及对你的目光和举止有异常表现的异性，应特别警惕，尽量避免与其单独相处。少女应明确自己的社会角色、工作角色，不能与个人“私情”相混淆。

（8）要学会自我保护，女生学习一些女性自护防身的具体办法，发挥女性观察事物敏锐、直觉超前的优势，防患于未然。与异性交往时，即使是与自己心目中的“白马王子”单独相处，也应避免过度亲密而激发性冲动。

（9）单身一人尽量不要夜间外出，不要在行人稀少的小路上行走，不要与陌生男性同时行走，尽量不要与陌生人搭话。在夜间遇到危险或困难时要敢于并善于向他人求助，或大声呼喊，或拼力挣扎，或机智应对，避免或减少人身伤害和财务损失。

思考题

1. 大学生在人际交往中应怎样珍惜友谊和化解矛盾？
2. 试分析友谊与爱情、恋爱与婚姻的关系。

第5章

建立积极的人生观

Chapter 5

一个不善交际，没有正常人际交往能力的人，会在自己与社会、与他人之间筑起一道心理屏障，这就必然妨碍个人的全面发展，甚至影响自己的一生。因此，掌握交往技巧，提高交往能力，构建健康和谐的人际关系，是大学生成长、成才过程中必须面对的实践课题，这对于正处于学习生活适应期和心理转型期的大学新生尤为重要。

第一节　关注心理和精神健康

随着现代社会的高速发展，社会竞争越来越激烈，人们在社会活动中承受的心理压力也越来越大，出现心理问题和心理疾病的人也越来越多，心理健康问题已经引起了全社会的高度重视。随着大学生经济、就业、学业压力增大以及大学生自身身心脆弱等因素的影响，大学生开始成为心理问题和心理疾病发生的高危人群。近些年来，一些无法承受心理压力而产生心理问题和心理疾病的大学生不但毁了自己的青春，而且还对社会造成了一定的危害。因此，帮助大学生掌握心理健康知识，及时调节不健康心理，提高心理健康水平，已成为当今大学教育的一个重要方面。

一、心理健康标准及常见心理问题

保持健康的心理是大学生顺利完成学业的必要条件，大学生只有了解心理健康方面的知识，当出现心理问题的时候，才能够及时寻求帮助，避免因心理疾病而引发安全问题。

1. 心理健康标准

作为一个特殊群体，大学生具有自己的心理特点，其心理健康标准通常包括以下几个方面。

（1）能够保持浓厚的学习兴趣和求知欲望。学习是大学生活的主要内容，心理健康的学生会珍惜来之不易的学习机会，保持强烈的求知欲，会主动克服学习过程中的困难，从学习中得到满足和快乐。

（2）对生活充满信心，积极向上，自我意识完整。心理健康的学生，拥有正确的人生观、世界观，能够了解、接受自己，对自己的评价比较客观，不盲目自大，不苛求自己，能够保持对生活和自己的信心，乐观向上。

（3）能保持和谐的人际关系，乐于交往，与人为善。乐于与人交往，对人态度积极，既能理解和接受他人的思想和感情，又能表达自己的思想和感情，能分享与他人的爱和友谊，与集体保持协调的关系，能与他人同心协力，合作共事，收获良好的人际关系和友谊。

（4）能保持完整、统一的人格品质。人格完整是指人格构成要素的气质、能力、性格、理想、信念和人生观等发展平衡。心理健康的学生能够内外一致，表里如一，对所做、所思、所言能够负起足够的责任，人格品质统一完整。

（5）能调节和控制情绪，保持良好心境。情绪是反映大学生心理健康状况的一个重要标准，心理健康的学生能够有效地控制和表达自己的情绪，做到不大喜大悲，保持愉快、乐观的心境。

（6）心理行为符合年龄特征。心理健康的大学生，他们的认识、情感、言行、举止都符合他们所处的年龄段的特征，过于老成和过于幼稚都是心理不健康的表现，大学生应有与自己年龄相适应的心理表现。

2. 大学生常见心理问题

大学生是心理问题高发人群，有些问题容易导致一些大学生行为异常，严重影响到大学生的学习和生活。大学生常见的心理问题有以下几种。

（1）自卑心理。多数是由于家庭经济困难，长相、体型不符合目前普遍审美标准、学习成绩不理想等原因引起。自卑的人容易自我轻视，不能容纳自己，进而演变成自己觉得别人看不起自己，并由此陷入不能自拔的境地。

（2）嫉妒心理。嫉妒是一种负性心理，表现为对他人超出自己的才能、地位、境遇不满，并由此产生愤怒、怨恨等多种情绪组合的复杂情感。地位相当、年龄相仿、经历相近的人容易产生嫉妒。

（3）情绪心理。主要有抑郁和情绪失衡两个方面。抑郁表现为心情压抑、沮丧、无精打采、什么事都提不起精神来，造成学业荒废，严重的会有轻生的念头。情绪失衡则表现为情绪波动大，大喜大悲，无法控制自己的情绪，遇到困难易将之放大。

（4）空虚心理。多由缺乏追求、没有寄托、没有精神支柱等引起，表现为对社会现实和人生价值存在错误认识，没有目标，无所事事，当社会责任和个人利益发生冲突时就会抱怨不满，万念俱灰。

（5）浮躁心理。浮躁是当前社会普遍存在的一种病态情绪，大学生的浮躁心理主要表现为在学业中投机取巧，恋爱中见异思迁，社交中急功近利，生活中狂热冒失，求职中眼高手低等。

（6）自负心理。自负心理是与自卑心理相对的一种不健康心理问题，主要表现为对自己评价过高，对自己过度自信，看不起别人或者认为别人不如自己，导致自己在生活中遭受挫折。

（7）失落心理。主要是指在遭受到重大挫折后，内心抑郁，情绪不佳、抱怨等各方面不良情绪的综合表现，以及由此引发的各种不良心理反应。

二、常见心理疾病及求助方法

大学生要了解心理疾病产生的原因和常见心理疾病的表现症状，并学会用正确的方法积极求助。

1. 大学生出现心理问题的原因

大学生出现心理问题的原因主要有以下几个方面。

（1）生活学习方面。

大学生刚进入大学，以往的家庭环境、教育环境、成长经历相差很大。来到大学后，在自我认知、同学交往、自然环境等方面都面临着全面的调整适应。

大量的事实表明，学习成绩差是引起大学生焦虑的主要原因之一。虽然大学生在学业方面是同龄人中的优秀者，但由于大学学习与中学学习存在很大不同，很多大学生存在学习问题，包括学习方法、学习态度、学习兴趣、考试焦虑等。另外，进入大学，面对新的环境，各方面都要重新适应和调整，如果凡事患得患失，对自己过高期望，压力过大，时间长了，就会产生持续性的焦虑、不安、担心、恐慌，有些会伴有明显的运动性不安以及各种躯体上的不舒适感。

（2）性格与情绪方面。

这主要是缺乏面对现实的勇气和良好的适应能力造成的。如学习负担过重，思想不稳定，个体自我调节失灵，对社会、对人生思虑过多，在家庭问题上、恋爱问题上犹豫徘徊等。

性格障碍是较为严重的心理问题。其形成与成长经历有关，原因也较复杂，主要表现为自卑、怯懦、依赖、猜疑、神经质、偏激、敌对、孤僻、抑郁等。大学生如缺乏自信，遇事过分谨慎，生活习惯呆板，墨守成规，常怕出现不幸，活动能力差，主动性不足等就会患上强迫症。

（3）人际关系方面。

大学生由于一直处在校园之中，所以人际交往能力普遍较弱。每个人待人接物的态度不同、个性特征不同，再加上青春期心理固有的闭锁、羞怯、敏感和冲动，使大学生在人际交往过程中不可避免地遇到各种困难，从而产生困惑、焦虑等心理问题。例如，抑郁症患者在病前大多能找到一些精神因素，如在公共场合中自尊心受到严重伤害，生活中的遭遇不幸，大学学习遇到重大挫折和困难等。自卑心一向很强的人，性格不开朗、多愁善感、好思虑、敏感性强、依赖性强的人，在受到挫折后，很容易产生失望，在精神因素作用下，容易导致抑郁症的发生。

（4）恋爱与性心理方面。

大学生处于青年中后期，性发育成熟是重要特征，恋爱与性问题是不可回避的。总的来说，大学生接受青春期教育不够，对性发育成熟缺乏心理准备，对异性的神秘感、恐惧感和渴望交织在一起，由此产生了各种心理问题，严重的还导致心理障碍。如失恋、单相思等使得神经活动过程强烈而持久地处于紧张状态，超过了神经系统本身的张力所能忍受的限度，从而引起崩溃和失调，导致大学生神经衰弱的发生。

2. 大学生常见心理疾病

大学生常见心理疾病主要是指严重心理障碍，包括多种不良的心理和行为，常见心理疾病主要包括下列几种。

（1）神经衰弱。

神经衰弱，表现为难以入睡，失眠，头痛，注意力不能集中。一些因素能引起持续的紧张心情和长期内心矛盾，会使神经活动过程强烈而持久地处于紧张状态，超过神经系统张力的耐受限度，导致神经衰弱。有易感素质和不良性格特征的人，更易患神经衰弱。

神经衰弱是大学生中极为常见的心理障碍，它的特点是容易兴奋，迅速疲倦，并常常伴有各种躯体不适感和睡眠障碍。

对神经衰弱的学生，合理安排学习和生活作息，适当参加娱乐活动和体育锻炼，并进行必要的心理治疗，一般可以收到较好的效果。

（2）强迫症。

强迫症，表现为主观上感到某种不可抗拒、不能自行克制的观念、情绪、意向和行为存在，以反复出现强迫观念和强迫动作为基本特征的一类神经症性障碍。大多由强烈而持久的精神因素及情绪体验诱发而来的，与患者以往的生活经历、精神创伤或幼年时期的遭遇有一定的联系。

患有强迫症的人，明知某种行为或观念不合理，但却无法摆脱，因而非常痛苦。患者对自己的能力缺乏信心，遇事反复思考，十分谨慎，事后不断嘀咕并反复检查，总希望尽善尽美。在众人面前表现得十分拘谨，容易发窘，过分克制、严格要求自己，生活习惯较为呆板，墨守成规，兴趣和爱好不多，对现实生活中的具体事物注意不够。

（3）抑郁症。

抑郁症，表现为情绪低落、精力减退、注意力不集中、失眠或早醒和食欲下降。

抑郁性神经症又称神经症性抑郁，是由社会心理因素引起的，以持久的心境低落为主要症状的神经症性障碍。患者最突出的症状是持久的情绪低落，表情阴郁，无精打采，困倦，易流泪和哭泣。

（4）焦虑症。

焦虑症，表现为常感到无明显原因、无明确对象、游移不定、范围广泛的紧张不安；经常提心吊胆，却又说不出具体原因。

患有焦虑症的人过分关心周围事物，注意力难以集中，从而使工作和学习效率明显下降。在其性格上也有一定的特点：胆小，做事瞻前顾后，犹豫不决，对新事物、新环境适应能力差。

（5）神经性进食障碍。

神经性进食障碍，因故意节食造成。进食障碍指与心理障碍有关，以进食行为异常为显著特征的一组综合征，神经性厌食是一种多见于青少年女性的进食行为异常现象，特征为采取故意限制饮食、过度运动、引吐、导泻等方法，使体重降至明显低于正常的标准。常有营养不良、代谢和内分泌紊乱等不良现象发生。

（6）人格障碍。

人格障碍是指人格系统发展的不协调，主要表现为情感和意志行为方面的障碍。有人格障碍的大学生一般能处理自己的日常生活和学习，智力是正常的，意识是清醒的，但由于缺乏对自身人格的自知，常与周围人发生冲突，但很难从错误中吸取应有的教训加以纠正。常见的人格障碍有 3 种。

① 偏执型人格障碍：表现为主观、固执、敏感多疑，心胸狭隘，报复心强；骄傲自大，自命不凡，总认为自己怀才不遇，自我评价甚高；在遇到挫折失败时，又过分敏感，怪罪他人，推诿客观，很容易与他人发生冲突与争执。

② 情感型人格障碍：表现为抑郁型、狂躁型、郁躁型 3 种形式。第 1 种表现为看任何事都会从悲观的角度出发，多愁善感、精神不振、少言寡语。第 2 种表现为情绪高涨、急躁、热情，设想多但却有始无终；终日兴高采烈，雄心勃勃，过于乐观，表现出无端的欣喜。第 3 种则介于上述两者之间，有周期性的起伏波动，时而情绪高涨，对一切都表现出极大兴趣；时而情绪低沉，一落千丈，完全表现出抑郁型的特点，干什么都没有兴趣。

③ 分裂型人格障碍：表现为内倾、孤僻，言语怪异，不爱交往，不关心别人对自己的评价，常常处于幻想之中，也可能沉溺于钻研某些纯理论性问题。他们回避竞争

性情境，对他人漠不关心，独来独往。在孤独的环境中，尚可适应，但在人多的场合或带有合作性质的任务中，往往很难适应。

（7）适应障碍。

适应障碍是指由于适应不良而造成的心理障碍，主要表现为失落感、冷漠感和自杀。进入大学之后，大学生会遇到学习、生活、人际关系等方面的一系列问题，如何迅速调整、适应现实，主动接受挑战，是每个大学生都面临的最为实际、最为紧迫的问题。如果不能及时树立新目标，或者未来目标不具吸引力，大学生就会觉得生活平淡、乏味与无奈，丧失目标从而引起失落与冷漠，并就此消沉，以对人对事的冷漠来维持自身的心理平衡。如果这种情况发展到极端，就很可能诱发出自杀的意念甚至行动。

3. 大学生出现心理障碍或疾病要及时求助

近年来大学生心理问题与心理疾病发生率逐年上升，大学生如心理出现问题要及时寻求帮助，通过心理咨询和治疗走出阴影。常见的求助方法主要包括以下几个方面。

（1）面谈咨询。

找校园或专业机构的心理咨询师进行面谈，面对面的交流可以帮助心理咨询师更好地了解你的心理问题，有利于帮助大学生更好地解决心理问题。

（2）通信咨询。

主要是指当事人以电子邮件或信件的方式向心理咨询师询问相关心理问题，对于那些不善于表达或者较为拘谨的当事人来说是一种较易接受的方式，但是咨询的结果会受咨询师书面表达能力的限制。

（3）电话咨询。

即向心理热线求助。电话咨询是一种既快捷又比较方便的咨询方式，咨询师可以及时回答你提出的心理问题，帮助及时解决心理问题。

（4）向父母、老师求助，向同学、朋友求助。

一个人易于沟通的对象主要是自己的父母、老师、朋友、同学等，与这些人沟通起来会比较方便，便于打开自己的心理死结。

（5）向专业医生求助进行药物辅助治疗。

当心理疾病非常严重时，必须接受药物辅助治疗。

三、预防精神疾病

大学阶段是人生发展的重要阶段，也是大学生心理发展的重要时期，更是做好对大学生心理问题的引导，避免心理问题向心理疾病、精神疾病发展的重要时期。

预防大学生精神疾病是大学生自身、朋友、老师、父母共同的责任，应分别从大学生自身和父母、老师、朋友这几方面入手。

1. 大学生自身

（1）要学会完善自我。主要包括：一是要会自我分析、自我统一；二是要正确认识自我。大学生必须对自己有一个全面的分析，对自己有一个全面客观的定位，对自己的不足努力弥补，对自己的优点继续发扬。

（2）要学会自我管理、自我调整。大学生要学会自我调节，对外界的不利环境要努力适应，大自然的“适者生存”对于人类同样适应，大学生的调节主要是对心理的调节，良好的心态才能克服各种不利的心理因素。

（3）要学会调节情绪，不大喜大悲，做自己情绪的主人。大学生必须善于控制自己的情绪，“不以物喜，不以己悲”。

（4）要学会倾诉，保持心理平衡，减轻自己的心理压力。当遇到心理问题时要及时咨询，寻找合适的对象倾吐自己内心的不愉快，善于给自己减压。学会将自己的忧伤、痛苦以恰当的方式宣泄出来，以减轻心理上的压力。例如，倾诉、写日记、哭泣等，都可以减少心理负荷。

（5）要学会适度放松。紧张的生活会给自己的心理带来严重的心理压力，适当的放松可以减轻这种心理压力，避免心理疾病的发生。有意识地参加一些实实在在的活动，如体育锻炼、文化娱乐活动等，将自己从苦恼中解脱出来，像看电影、旅游、登山等有益活动都可以使自己从紧张的压力中得到充分的放松。

（6）要在平时加强意志锻炼，增强自信心。意志是一个人能否成功的关键因素之一，没有坚强的意志，生活中便不能克服各种挑战；拥有坚强的意志，生活便有信心。

（7）要接纳自己，并关心和爱护他人。每一个人在性格或外貌都有着独特的气质和优点，也对他人有着吸引力，所以我们要认识自己性格和外貌的优点，并加以运用和发挥，这样便可以显示出你独特的魅力。一个人的内在美源于心灵深处的爱——爱周围的一切事物，爱你身边的所有人，你也将会获得相同的回报。

2. 父母、老师、朋友

（1）要在平时加强沟通，避免心理死结的产生。大学生很多心理疾病的发生是由于找不到及时倾诉的对象，以致各种烦恼在自己的心里发了芽，产生了难以避免的心理死结。

（2）在发现大学生有心理问题疾病时要主动找到大学生进行交流，及时帮助大学生打开心理死结，走出心理阴影。

（3）学校要多开展心理咨询，帮助大学生树立正确的人生观。如果大学生没有正确的人生观就有可能走入心理误区，进而引发大学生心理疾病。

（4）在有大学生发生心理问题时，要及时协助大学生进行心理治疗，避免心理问题向精神疾病方向发展。

心理疾病的确诊是十分困难的，最好不要盲目进行自我诊断，自我定论。如果真的发现自己有不能解决的问题，应主动请教专家或医生。

第二节　树立责任意识

学生阶段是青年人逐步走向社会的重要时期，他们的社会责任感关系到社会化的进程；大学生群体是备受人们期盼同时拥有更多机会承担社会责任的群体。责任意识是一个人、一个民族前进的精神力量，是一个国家、一个社会发展的动力，是建立优秀品质、培养美好行为的首要因素。没有责任感的军官不是合格的军官，没有责任感的经理不是合格的经理，没有责任感的公民不是合格的公民。决定一个人成功与否最重要的因素不是智商、领导力、沟通能力、组织能力等，而是责任。

社会责任感是指对自己所履行的各种义务以及应该承担的社会责任的自我意识，是对社会责任的觉悟，它是一种自律意识，是个人对自己行为的一种约束，同时也是对人们自身发展提出的一种要求。责任感的本质特点决定了责任感的重要价值，责任感实际上就是人的一种心灵秩序，它可以很好地遏制扭曲的权利和膨胀的物质私欲，校正人的不正确行为，控制无限制自由，帮助人类实现良性的运行。

一、学生的社会和家庭责任

大学生作为家庭的一员，社会的一分子，必须承担一定的家庭责任和社会责任。大学生要做好表率，承担起自己的责任，在服务社会、关爱他人中体现自己的人生价值。

1. 大学生的社会责任

社会是由全部成员构成，要保证社会和谐、健康、稳定前进，所要从事的各项工作，都必须由全社会成员分担。社会责任就是全部社会成员根据人类生存发展需要，根据个人的社会角色和责任能力，自觉接受自愿承担的应当完成的任务。大学生的社会责任主要包括以下几个方面。

（1）忠于祖国。

祖国对于任何一个人、任何一个民族来说都是一个很神圣的名词，祖国是每个人最后的根，忠于祖国是每个人的义务和使命。自古以来，每个朝代都出现了众多忠于祖国的英雄事迹。大学生走在时代的前列，是社会的生力军，忠于祖国，拥护祖国统一，维护国家的安全是大学生的社会责任。忠于祖国体现了大学生的世界观、人生观和价值观，指引着大学生的前进方向。

（2）为社会树立榜样。

大学生代表着高知识层次的一个群体，代表着社会的前进方向。大学生作为社会的生力军，作为社会的新一代发展主体，一方面要以维护精神的崇高为己任。“人的伟大在于思想”，这些都说明了精神的伟大与重要。在当今社会越来越注重精神追求与享受的时候，大学生从小就开始接受科学文化教育，思想上的觉悟让大学生可以站在更高的高度，宣扬精神层面的意义和价值，在社会建设中始终站在社会的前列。另一方面，大学生的所作所为，大学生的表现会一直受到社会的广泛关注。为了社会的更好更快地发展，大学生就要树立起好的榜样，起到带头模范作用，用自己的实际行动去感化别人。

（3）要承担起维护社会公平正义的责任。

社会的公平正义是社会文明进步的主要标志之一，是人类精神文明进步的表现。大学生也是社会公平正义的受益者，只有社会公平正义了，大学生才会有更好的机会施展自己，才可以在社会的竞争中更好地维护自己的合法权益，在自己的人生道路上打下更加坚实的基础。

（4）推动和谐社会的建设。

和谐社会是巩固党的执政基础、实现党的执政任务的必然要求，更是社会主义现代化建设的主要目的和重要目标。构建社会主义和谐社会，是提高党的执政能力的要求之一，和谐社会的建设是实现全面小康的重要表现。当前我们国家正在大力推崇和谐社会的建设，大学生可以利用自己所掌握的知识，利用自己头脑参与到和谐社会的建设中去，这样就可以更加快速地实现社会由传统社会向现代社会的转变，可以实现社会的协调可持续发展，维护社会稳定，提高人们的生活质量。

（5）保护环境。

当前环境问题是一个世界性的问题，治理环境污染问题已经提上了可持续发展建设的日程。保护环境就是在延续我们的生命。大学生有着很高的素质，在保护环境的意识上走在社会的前列，这就要求大学生努力行使保护环境的责任和义务，履行自己的职责。

2. 大学生的家庭责任

（1）孝敬父母。

孝敬父母自古就是中华民族的传统美德，是先辈传承下来的宝贵精神财富，孝敬父母自古就被认为是天经地义的事情。大学生永远不要忘记父母对我们的呵护和培养，因为是父母给予了我们生命，并把我们抚养长大。孝敬父母，让父母开心，看到父母脸上的笑容就是大学生最大的成功。

（2）维护家庭和睦。

家庭是每个人幸福感、安全感、归属感的源泉，家庭的和睦，是每个人都希望看到的。大学生作为家庭的一员，随着年龄的增长，在家庭中的位置越来越突出，在家庭中已经应该担负起一份责任。维护家庭的和睦，促进家庭的幸福，可以让大学生的身心更好地发展，可以给每个人提供一个良好的生活环境，让家庭生活更加绚丽多彩。

（3）减轻家庭负担。

作为家庭中的一员，大学生已经有能力、有义务为家庭贡献自己的一份力量。在看到家庭处在艰难的时候，作为家庭成员是不会忍心看着父母受苦受累的，父母已经为家庭付出了那么多，在家庭需要自己的时候大学生就要勇敢地承担自己的责任。

（4）努力实现自己的价值

大学生价值的实现对家庭有直接的影响，大学生的价值实现了，在学业上、事业上取得成功，家长的负担相对减轻，家庭的成就感、自豪感就会加强，家庭的氛围就会越来越和睦。

二、生命的价值

人的生命是短暂的，是有限的，每个人的生命又都是丰富的、有内涵的，每个人都有他自己存在的价值，都有自己成功的定义。大学生作为社会的新一代，生命价值更不容忽视。大学生要在自己有限的生命中努力去实现自己的价值，发挥自己的作用。大学生要在以下几个方面努力，以体现自己的生命价值。

1. 树立可行的目标并坚持不懈地追求

目标就好像是一个指向标，在人们迷茫的时候可以给人们提供参考的方向，在人们想要放弃的时候可以重新唤起人们的激情。拥有了目标，大学生的生命价值在履行的过程中就会有实际的方向，就不会中途丧失了动力。人生都是由无数的困难组成的，就是由无数的挫折造就的，正是因为这些挫折，我们生命的价值才会显得更加崇高。面对挫折，坚持自己的目标，始终相信自己的努力可以攻克一切难关，自己的生命价值可以在挫折的折射下拥有更加丰富的内涵。追求自己的目标，生命的价值就会不再遥远。

2. 奉献社会，服务他人

“人的生命是有限的，而为人民服务是无限的。大学生要把有限的生命投入到无限的为人民服务中去。”在经济快速发展的社会，大学生不应该习惯接受别人的服务与帮助，更不能淡忘了付出的意义。踏踏实实为人民服务，做好自己的本职工作，在为人民服务中实现自己的价值，在为人民服务中履行自己的职责，自己的生命价值在为人民服务中就会变得更加清晰，更加具体。

3. 团结合作，关心集体

大学生是社会中的人，生活在社会中，每天都在和别人打交道，以后的就业、生活都是在社会这个团体中进行的，这就要求大学生学会团结合作，培养团队意识，学会和别人的配合，利用集体的优势，扬长避短，这样才能更好地发挥自己的能量。集体是个大熔炉，大学生要在集体生活中得到锻炼，时刻把集体的利益放在首要位置，关心集体，服务集体。

4. 孝敬父母、关爱亲人邻里

大学生要勇于承担起家庭的责任，孝敬父母，照顾家人，要学好本领，创造财富，改善家庭经济状况，为家庭分忧。要和亲戚邻居和睦相处，共同建设和谐社区。

5. 学会换位思考，为他人着想

“己所不欲，勿施于人。”这就是要求大学生在和别人交往的时候要学会换位思考，不能一味地用自己的思想去要求别人，要记住是你自己教会别人应该怎么对待你，这样的话大家的人际关系才会和谐，大学生的生命过程才会更加精彩。

三、大学生轻生的原因分析及应对

据中国心理卫生协会资料显示，自杀在中国已成为位列第五的死亡原因，仅次于心脑血管病、恶性肿瘤、呼吸系统疾病和意外死亡。而在 15 岁至 34 岁的人群中，自杀更是成为首位死因。在中国，每年约有 25 万人死于自杀，至少有 200 万人自杀未遂，其中有相当数量的大学生。大学生自杀问题在社会上已经成为了一个不再隐讳的问题。

1. 大学生自杀轻生的原因分析

（1）心理障碍。

其实每个人都有一定的心理问题，做得好的话问题就可以迎刃而解，反之就会引向极端。当大学生在生活或学习的过程中，遇到了困难或挫折的时候，有的人可以自我调节成功，但有些则不能，如果此时仍没人可以和他一起分析问题，他就可能产生自杀的冲动。每个人都会产生冲动，这就需要有冲动的控制或者冲动引导机制，不然就可能出现自杀的情况。

（2）学习和就业压力大。

这种现象往往在重点大学中出现得比较多。一般情况下，当某个学生考入重点大学时就会觉得就业前景比较好，一切都在向好的方面发展。可是当面临的事情发生变化时，例如学习成绩落后、所学专业不满意等，大学生就会觉得对不起家人或觉得将来无法找到好的工作，不会有成功的人生，感觉上学已经没有用了，而回家后又觉得丢人，这种现状会给他们造成较大的压力，使他们经常感到紧张、焦虑、身心疲惫，最终可能引发他们产生轻生的念头。

（3）情感挫折。

情感挫折是大学生自杀的又一个重要的原因，据资料显示，约有 40%的大学生自杀都是因为恋爱失败。不管是被遗弃或者是结束一段感情，不管是责任在对方还是在自己，有些大学生没有能力收拾残局，不知道自己该如何去面对自己一个人的生活，有的会陷入孤独与绝望，感觉到自己没有了爱情就会失去一切，自己无法忍受这样的背叛和欺骗，不能接受自己失恋的事实，在偏激和失望中可能走上自杀的道路。

（4）生理疾患。

大部分天生的疾患是无法改变和治愈的，其中有些人就是在顶着别人异样的眼光，跨过高考的羁绊，进入了大学。但随着年龄的增加，自我意识越来越强，逐渐就会开始关心注意别人对自己看法，自己的生理疾病就有可能成为别人取笑的理由，自己整天活在嘲讽中。随着这种压力逐渐增大，他们可能会越来越自卑，觉得命运不公平，继而产生轻生的念头。

（5）经济压力和家庭因素。

经济压力和家庭因素这两个方面的影响可以说是相通的。经济压力往往来自于家庭，当父母所创造的家庭环境不太好的时候，这种压力就会产生。家庭因素还包括父母离异造成的家庭创伤，作为儿女无法承受这种现实，并且在父母离异后，父母双方往往会减少对子女的关怀，造成儿女心理偏差。再就是父母对子女过分干预，把自己的意愿强行加给子女，不关心孩子的兴趣爱好，忽视子女实际情况及他们的内心感受，造成他们心灵的创伤，这样孩子和家长的距离就会越来越远，有很多的事情就无法和家长沟通解决，只能自己独自承受，随着时间的推移，家庭对孩子的伤害会越来越深，孩子可能会产生自杀的念头。

（6）人际关系紧张。

人际关系紧张，是多种心理疾病产生的重要原因，也是导致大学生自杀的重要原因。现代社会人际交往范围的狭小，交往方式的利益化和虚拟化不利于大学生人格的形成和对环境的适应，这是导致自杀的直接因素。大学生的人际关系，主要有家庭关系、师生关系、同学关系、朋友关系和恋爱关系等。在多种社会关系中，大学生往往对自己扮演的社会角色、应承担的社会义务、应遵循的社会规则等缺乏足够的认识，因而导致人际关系紧张。人际关系紧张，使他们感受不到社会的包容，常常感到孤独无助，始终觉得处于他人的压力之中。在生活不如意时，他们既缺乏他人的安慰和同情，也缺乏宣泄、转移的渠道，常常郁结于心，最终导致人生信念的泯灭，导致自杀轻生。

2. 大学生自杀轻生的预防

（1）大学生个人要自觉接受心理知识教育。

大学生自杀的主要原因就是心理因素，宣传普及心理卫生知识是防止大学生自杀的有效办法。要强化和培养他们的责任意识，对学生干部、辅导员进行轮训，让他们了解大学生的心理特点，帮助大学生了解和掌握人格顺应和情绪控制的基本规律，帮助他们学会合理宣泄、转移、升华等，使其应付挫折的能力得到提高。

（2）大学生个人要定期接受心理咨询。

心理咨询可早期发现大学生的各种心理问题，帮助大学生摆脱各种心理困扰，消除各种心理障碍，使之及时恢复心理平衡。若大学生已出现自杀念头，如果及时进行咨询和接受适当的心理治疗，就能够避免自杀发生。

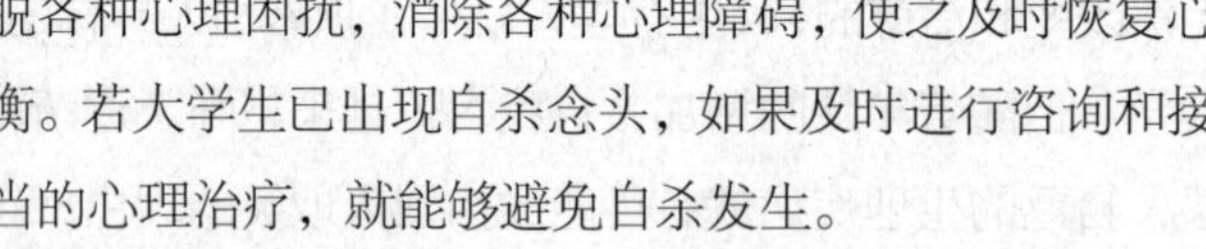

（3）大学生个人要树立强烈的责任意识。

没有人愿意在自己的人生中碌碌无为，没有人不想有一份成功的事业，大学生要增强自己的责任意识，在拼搏中体验成功的快乐，在失败中获取经验，努力实现自己的价值，在自己有限的人生中留下拼搏的足迹。

（4）自觉接受珍爱生命教育。

生命属于我们只有一次，大学生的生命属于他自己，同时也属于社会、家庭，大学生要自觉接受珍爱生命教育，不辜负社会、家庭对自己的期望，积极承担各种责任，让自己的生命大放异彩。

（5）改善大学生心理环境。

学校要加强校园精神文明建设，丰富大学生的课余文化娱乐生活，组织大学生参加社会实践活动，在实践中引导他们正确地看待社会、看待人生。组织适合大学生的集体活动，促进同学之间的关爱，让大学生找到归属感，教育大学生认识社会的复杂性，增强心理承受能力，可以应对更大的打击。

家长要善用"肯定教育"。要认可学生的努力成果，树立学生的积极性和自信心，让学生在家庭的肯定中认识到自己的价值，进而可以摆正心态，避免心理阴影 产生。

大学生要珍爱生命，因为生命不仅属于他自己，还属于家庭、学校、社会和所有关心他的人。

思考题

1. 简述大学生心理疾病的表现及其预防。
2. 大学生的社会和家庭责任都有哪些？

第6章 增强人身安全意识

Chapter 6

当前，大学生的安全问题主要集中在人身安全、财产安全等方面，除了防范意识不够外，大学生的自身修养不够、心理素质较差、防范技巧缺乏都是导致大学生安全出现问题的重要原因。大学生要加强自身修养，提高应对能力，增强心理素质，切实减少不安全事故的发生。

第一节　遵纪守法 严格自律

法律是维护社会正常运行的重要保障。公民的生活离不开法律，国家的治理离不开法律。能否自觉学法、知法、懂法、用法，既是现代公民应具备的基本素养，也是衡量一个公民是否成熟的标志。当代大学生更应该学好法律、知道法律、懂得法律、用好法律，并严格自守法律。

一、学法是自我保护的重要基础

大学生缺乏生活经验，辨别是非的能力不强，如果不注意约束自己的行为，就有可能违法犯罪，直到付出惨痛代价后才追悔莫及。因此要主动学习法律知识，明辨是非，清楚法律所禁止的行为，也要做到依法律己、依法办事，养成遵纪守法的良好习惯。

1. 主动、积极、认真地学习法律知识

（1）宪法是国家的根本大法。通过学习《中华人民共和国宪法》(简称《宪法》)，培养大学生良好的法律意识。《宪法》规定了国家各个方面的全面性、根本性的问题，体现了国家和人民的最高利益。只有对《宪法》有所了解，才能知道自己在政治民主、人身、财产、受教育、劳动、休息、婚姻家庭等方面享有的权利。具备良好法律意识的大学生，应该正确、合法地运用好自己的权利，并依法维护自己的合法权益。一旦受到侵犯，可以运用法律来维护自己的权利。

（2）学习《中华人民共和国治安管理处罚条例》(简称《条例》)、《中华人民共和国刑法》(简称《刑法》)了解基本法律规范，帮助自身守法观念和法律信仰的形成。《条例》是对有轻微违法的行为的人进行行政处理的行政性行为规范；《刑法》是对构成犯罪的人进行刑事处罚的刑事法律规范。通过学习《条例》和《刑法》，我们可以初步认识和区分什么是违法行为，什么是合法行为；哪些行为是法律、法规禁止的，哪些行为是准许的、受鼓励的。

（3）处处留心皆学问，在生活中我们要做有心人。在日常生活中学习法律的途径有很多，我们可以多翻看一些关于法律的书籍报刊，看一些关于法律知识讲座的电视节目，或者是关于法律的节目与新闻，还可以通过了解别人的案例，了解更多的法律知识，既不枯燥乏味，掌握起来也灵活有效。

大学生在生活中一定要有法律意识，严格遵守国家的法律、法规。拿不准的事情，多咨询老师、家长及法律界人士。多思考、慎做事。遵守法律，是每个大学生必须承

担的义务。一些走上犯罪道路的大学生，正是由于不学法、不懂法，养成了不良的行为，而这些不良行为和习惯在其成长过程中又没有能够及时地得到纠正和克服，致使大学生走上了犯罪的道路。

2. 大学生学法好处多

（1）学好法律，毕业求职时不吃亏。毕业后我们会到社会上各行各业的岗位上求职面试，继而就业。在此过程中，我们要根据法律维护自己的一系列合法利益。例如，关于单位是否能收取违约金、保险金的办理、工资的最低保障等方面，我们只有了解国家法律规定，才能为自己的权利进行合法争取。又如，在签订工作合同时，毕业生可通过法律了解聘用合同必须具备哪些条款，什么条款是无效条款，最大限度地保护自己。

（2）学好法律，创业才有保障。现在国家鼓励青年人毕业后自主创业。但是，在创业过程中总会涉及法律条规。例如，要进行创业，以什么形式开公司最为适宜，有哪些优惠政策，要通过什么程序，要承担什么法律责任，这些都需要法律的支持。

（3）学好法律，消费者的权益才能得到更好的维护。尽管国家出台了《消费者权益保护法》，但是许多消费者的权益并没有完全得到法律的维护。并不是法律本身不够完善，而是消费者不懂得运用法律维护自己的合法权益，甚至连自己的合法权益受到侵害都不知道。只有消费者本身学好法律，才能使自己的权益得到保护。

二、守法是自我保护的重要条件

学习法律知识是基础，想要做守法的人，关键还要我们身体力行、洁身自好、保护自己、远离高危场所。面对种种不良诱惑，一定要睁大双眼，不能“心动”，更不能行动。当前社会还存在一些丑恶东西，黄、赌、毒等违法犯罪活动猖獗，一旦走进去就有可能身不由己、陷入深渊。因此，大学生一定要坚决不涉险境。

社会调查表明，诱发大学生犯罪最主要的几种不良行为中，就有进入不宜的场所及和品行不良的人交朋友这两种行为。歌厅、迪厅、网吧、酒吧等场所由于管理不严、人员混杂，社会丑恶现象常在那里滋生繁衍。大学生由于缺乏自我约束能力，往往头脑冲动，经不起种种引诱，成为犯罪分子眼中的“猎物”。因此，大学生理应做到以下几点。

1. 不去高危场所　拒绝引诱

（1）大学生不应去社会不良场所，如确有需要最好结伴而行。在这些场所要提高自我保护意识，不要轻易接受别人的各种好处，注意保护好自身人、财、物的安全。

（2）交友有正确的选择，不搞江湖义气，不在自己不了解的情况下轻易加入任何社团。要有一定的行为自决能力，常态下能做到不盲从、不轻率，一般情况下能控制自己。

（3）一些不良团体往往用金钱、就业、吃喝玩乐等手段来引诱大学生参与犯罪活动，进而达到控制大学生的目的。大学生要洁身自爱，不要贪图物质和感官享受，不要陷入黑社会组织的泥潭。

（4）在学校里要培养自己健康的生活情趣，以多彩的文体活动丰富自己的课余生活，这不仅有利于我们的身心发展，更能开拓我们的视野，提升自身素质。

2. 远离不良人员

（1）发现自己身处险境时，不要慌张，镇定自若，可以借故离开现场，以平安离开险境为第一目标，不要和别人发生正面冲突。

（2）在发现身边朋友是不良团体成员时，要主动回避，采用冷处理的方法，渐渐疏远。决不能抱有侥幸、好奇心理参与活动，如若尝试必然要付出惨痛代价。

（3）如果发现已身处于不良团体之中，这时已经很危险，切不能随波逐流，任由自己越陷越深，可以及时和家长、老师取得联系，摆脱困境。

三、用法是自我保护的重要手段

大学生是国家建设的栋梁，承载着家庭、社会的期望，是国家宝贵的人才资源，是民族的希望、祖国的未来。在当今法制社会，要有较强的法律意识，遇到难以解决的矛盾，首先要想到运用法律手段解决问题、维护权益。善于运用法律武器进行自我保护，不仅能使自己的合法权益不受侵害，而且是在维护法律的尊严。

法律是神圣庄严而不可侵犯的。在一些同学的眼里，总认为法律只是用来约束自己而不是用来保护自己的，所以从没有想过用法律来维护自己的权益。即使自己的权益受到了侵害，也忍气吞声，自认倒霉。因为不懂法，丧失了维权的机会，在无知中一再被侵害。这就启示我们要做到以下几点。

1. 敢于用法

（1）认真学法、依法自护。我们应从身边人、身边事上着手分析，从鲜活的日常生活中总结、提炼典型案例，自我教育、明辨是非、依法自护。

（2）了解并懂得法律诉讼程序，敢于打官司。大学生要学习《民事诉讼法》、《行政诉讼法》等诉讼法律，强化诉讼意识。要明白打官司是一种让争端在公开、公平的前提条件下，谋求来自第三方独立公正地加以解决的机制。为了维护自己的合法权益，要大胆地运用法律的武器，及时、充分地利用诉讼权利，敢于打官司，维护自身合法权益。

2. 善于用法

（1）当自身权益被侵害，准备采取法律手段保护自身时，首先要查阅相关法律知识，做到心中有数，最好能咨询法律界人士。如实陈述事件情况，不得隐瞒、夸大或缩小，既要如实讲清对自己有利的一面，也要如实陈述对自己不利的一面，这样就可以使法律界人士在全面了解案情的基础上帮助你。

（2）注意法律时效。时效，往往是决定民事诉讼成败的一个重要原因。在现实社会生活中，公民或法人通过诉讼的途径主张自己的权利，是有一定的时间限制的。这种由法律规定的时间限制，就是诉讼时效。公民或者法人的权利一旦受到侵害，长期犹豫不决，就可能失去诉讼时效。

关于民事案件的诉讼时效，民法通则规定：身体受到伤害赔偿的、出售质量不合格商品未声明的、延付或者拒付租金的、寄存财物被丢失或者损毁的，诉讼时效期间为一年。其余的民事案件的实效，一般都是两年。诉讼时效期间从知道或者应当知道权利被侵害时起计算。但是，从权利被侵害之日起超过二十年的，人民法院不予保护。有特殊情况的，人民法院可以延长诉讼时效期间。

（3）注意收集证据。谁主张谁举证是司法中的一条基本原则，想要打赢官司，不仅仅要靠自己说理，更要拿出切实的证据来证明自己是有理的。证据的形式为书证、物证、视听资料、证人证言、当事人陈述、鉴定结论、勘验笔录 7 种。

例：打官司，要准备什么证据资料？

由于青少年平时较少接触法律服务，不知道需要为案例准备哪些证据资料。因此，提供如下的需备证据清单供参考。各类案件均需准备的证据如下。

① 证明我方主体资格。

- 当事人是个人的，准备身份证或户口簿。
- 当事人是单位的，准备营业执照或社团法人登记证等。

② 证明对方主体资格。

- 对方是个人的，提供身份证复印件，如不能提供，可由律师向公安部门调查取得对方户籍资料。
- 当事人是单位的，提供营业执照或社团法人登记证复印件，如不能提供，可由律师向工商部门调查取得对方工商登记资料。

③ 争议金额的计算依据。

第二节 加强自身修养

古语云："玉不琢，不成器"。大学生之所以要加强自身修养，就是为了把自己培养成社会发展所需要的人才，就是为了能担负起历史和时代赋予的重任。加强自身修养可以使人的身心达到一个较高的境界，是完善自我的主要途径和方法。从青年大学生自身发展状况看，青年大学生正处在世界观、人生观、价值观形成和发展的重要时期，这个时期的大学生思想、道德、心理等方面有了一定的发展，但总的来说，社会生活经验还不够丰富，思想还不够成熟，还存在有明显的知行脱节现象，加强自身修养正好可以弥补这方面的缺陷。一方面，通过文明修身可以帮助大学生树立正确的人生观、世界观，帮助他们与他人和谐相处，减少与他人的矛盾，避免诸如打架斗殴、酗酒闹事事件的发生，保护好自身安全。另一方面，在提高自身素质的同时，健全对社会不安全现象的防范意识，能够防止各种人身伤害事故的发生。

一、加强自身修养会减少受伤害概率

孔子在《大学》中说："古之欲明明德于天下者，先治其国；欲治其国者，先齐其家；欲齐其家者，先修其身。"也就是说，要担当重任，安身立命，必须要加强自身修养。当前，我们正处在一个既充满竞争又讲究秩序、讲究文明的社会环境之中，正在进行的和谐社会要求每个人都加强自身修养，与人融洽相处。作为大学生，更要充分认识到加强自身修养的重要性，不断提高自身素质，在与他人相处中采取合适的方式和语言，尽量避免矛盾，减少冲突和受伤害的概率。大学生加强自身修养主要需要做到以下几个方面。

1. 加强道德修养

加强道德修养可以让人谦虚谨慎、乐于助人、光明磊落、顾全大局。君子和而不同，小人同而不和。品德高尚的人必能与人为善，以礼处事，以礼待人，减少与他人的摩擦冲突，避免不必要的矛盾，同时也降低了自身受伤害的概率。

2. 加强个性修养

加强个性修养可以让人诚实勇敢、豁达开朗、不骄不躁、不折不挠。拥有高尚情操的人能够在生活学习中勤奋扎实、认真宽容，在情绪上热情稳定、和气待人，在与他人和谐相处时能够宽容、和气、相互恭敬，用自己的热情感染他人。

3. 加强文化修养

加强文化修养可以让人拥有丰富的知识、良好的气质。一个文化修养很深的人在为人处事时一定是彬彬有礼、豁然大度。他们良好的素质、宽广的胸怀、深厚的文化底蕴，一定会让他们在与他人相处时收获的是融洽的关系。

4. 加强美学修养

加强美学修养可以让人拥有高雅的风度、良好的文明风貌。一个接受过美学修养的人，他的风度和风貌在客观上能引起人们愉悦的情感反映。在与他人相处时能够使他人处于良好的气氛中，减少不愉快事件的发生。在社交中，不能因为别人与自己脾气不同，身份有异，就显示出不耐烦或瞧不起别人。也不要为一点点小事就大动肝火，斤斤计较，甚至在一些场合弄得大家都非常难堪。要心胸开朗，豁然大度，落落大方，不卑不亢。有困难时，应该向朋友求助，朋友会因你向他们求助而感到他们的重要性。

5. 积极参加社会实践、第二课堂活动

“听其言，观其行”，这个“行”就是社会实践。一个人的思想意识修养，主要是通过理论和实践的结合才能收到应有的效果。大学生应该模范地贯彻执行学校所制定的规章制度，因为这些规章制度是密切结合高校的实际情况制定的，贯彻执行法律、法规的行为准则，既是保证高校贯彻执行德、智、体、美全面发展教育方针的需要，也是促使大学生沿着有理想、有道德、有文化、有纪律方向健康成长的需要。

二、如何防范各种人身伤害

近几年，大学生人身伤害事故发生率较高，这和大学生的安全意识不强、自我约束力不强关系紧密，大学生要重点从这两方面查找自己的不足，避免受到伤害。

1. 大学校园中常见的人身伤害事故

（1）学校的教学、生活设施质量不合格，对大学生的生活安全造成的安全隐患。

（2）由于安全意识不强，学生之间互相嬉戏、玩耍造成的意外伤害。

（3）运动事故发生的伤害。例如，跑、跳、投过程中的意外伤害，或因运动器械管理不善造成的伤害。

（4）食物中毒引发的意外伤害。学校是人群的集中聚集区，一旦发生食物中毒事件，就可能造成重大损失。

（5）校园交通事故引发的大学生人身伤害。主要是由于大学校园周边交通环境复杂和大学生的交通安全意识淡薄。

（6）挤伤踩踏伤害。事故主要集中发生在楼道、通道、台阶、厕所、校门等人群比较拥挤的场所和学生集中出入的时间段。校园内的栏杆、围墙，湿滑的水泥地面等也可能成为此类伤害的隐性杀手。

（7）地震、雷击、洪水、泥石流、山体塌方、台风、海啸、冰雹等不可抗的自然因素造成的意外伤害。

（8）暴力滋事、犯罪对大学生造成的人身伤害。诸如抢劫、绑架、杀人、勒索等社会性侵害或校园内暴力威胁着大学生的人身安全。

凶杀和绑架在身边虽不多见，但对当事人生命、财产构成极大威胁，严重影响社会稳定，处置不当，后果不堪设想。凶杀和绑架有时是罪恶姊妹花，在一定条件下也会互相演变。“绑架”是青少年不容忽视的一种犯罪行为。由于罪犯对钱财的贪婪或因为矛盾纠纷而寻仇，社会上经常有学生被绑架勒索的事件发生，严重的造成凶杀案件。大学生不但要学会远离凶杀绑架，也要学会万一不幸碰到这种事应如何去正确应对。

（9）校园性侵害。“校园性侵害”渐渐成为必须关注的社会问题，也是大学生必须关注的意外事故。

“性侵害”就是传统意义上的“流氓”行为的现代表述方式。不是“性侵害”行为的涵盖面比“流氓”小一些，仅是指涉及“性权利”方面、违背异性意愿的暗示和挑逗行为。

女生参加各种活动越来越多，接触的环境越来越复杂，如果缺乏自我保护意识，就有可能遭受性骚扰。若甘做沉默的羔羊，只能助长骚扰者的气焰，使自己受到更大的伤害。

（10）大学生自杀、自残。当今大学生心理素质偏弱已成为较为普遍的现象，由于经济压力、就业压力、学业、爱情方面的原因而导致自杀、自残的大学生正在逐年增多。

（11）网络欺诈、网络游戏造成的伤害。网络与大学生联系紧密，各种网络信息的传播是对大学生思想的一次考验，网恋、网络欺诈、网络游戏正在成为伤害大学生的重要不安全因素。

（12）校园外租房居住引发的各类人身伤害。

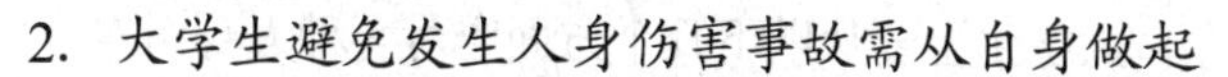

2. 大学生避免发生人身伤害事故需从自身做起

相对于社会大环境，当今大学校园仍是大学生安全的“避风港”。但社会不良现象进入校园不可避免，为大学生的人身安全带来隐患。大学生要保护自己不受伤害，必须了解和做到以下几点。

（1）主动避开危险。

① 大学生要加强自身修养，学会冷静克制，学会容忍，避免陷入冲突的漩涡之中。在与人相处过程中，要严于律已、宽以待人，尽量避免发生摩擦和争执；对于已经发生的摩擦要保持冷静，做事决不可情绪冲动，不计后果。

② 树立安全意识，远离危险。危险无处不在，防止在游戏中发生伤害事故。同学们要积极参加学校的安全教育，认真学习必要的安全知识，提高自己的防范意识和能力。

（2）加强自我约束。要做到遵章守纪，加强沟通，减少摩擦。加强自我约束，不做违章违纪之事本身就降低了与人发生纠纷的概率。大学生的纠纷多数是由口角引起的，所以大学生说话要有分寸，谈吐雅致，不说粗话、脏话，加强与别人沟通就显得很有必要。严于律己，宽以待人，营造良好的人际关系环境。在与他人发生纠纷的时候，能认真听取他人的意见，开展自我批评，从自身找原因，主动宽容他人的过失，处理好与他人的关系。

（3）树立法律意识，要有法制观念。首先，大学生要知道用法律维护自己的合法权益，不做违法违纪的事，不侵害他人利益，不影响他人正常学习和休息。交友要慎重，应避免交一些“不三不四”的朋友，男女之间交朋友更应该慎重。

（4）不感情用事，不因小事与他人发生冲突，远离寻衅滋事的人员。在与他人相处过程中，要为人谦让，不感情用事，不因小事与他人发生冲突，要懂得以理服人，而不是以暴力手段服人，诚实、谦逊才是加强团结、增进友谊的基础，也是大学生应有的高尚品德。另外，要克服老乡观念、哥们义气，不参与打架斗殴。校园许多群体性安全事故的发生往往是因某一同学与他人发生冲突，引起的帮伙之间的冲突，从而造成大规模的人身伤害事件的发生。大学生不要因为老乡观念或者哥们义气，在伤害他人安全，也毁掉了自己的前程。

3. 人身伤害的总体应对措施

我们无法预知人身伤害事故什么时候会发生到我们身上，因此，必须有积极的措施应对，才能保护好自身安全，大学生主要从以下几个方面应对各种人身伤害。

（1）避险脱险。处于危险境地时，首选的防范措施是及时远离危险境地，只要远离危险境地，人身就不会遭受危险的威胁。及时的脱险还可以为未脱险的人员寻求到更多的帮助，协助相关部门消除安全隐患。

（2）在遭受安全伤害，又不能及时脱险时，就应该采取正当防卫措施，保护自己的安全，维护自己的合法权益。

正当防卫是针对正在进行的不法侵害行为实施的，是出于防卫的需要，而不是防卫挑拨，是为了保护合法的权益，而且必须是针对不法侵害者本人实施的。

第三节　注意运动安全

一、运动应注意的安全事项

大学生的身体锻炼主要是通过进行运动进行的，加强运动的防护、保证运动时的安全很有必要。大学生必须明白运动既有有益于身体健康的一面，也有使身体受到损伤的一面，要增强自我保护意识。

1. 注意运动前的准备

（1）做好运动前的热身活动。在运动开始之前先做几分钟的热身运动，对身体和注意力都是很好的准备过程。热身给大脑以刺激，让你的身体为正式运动做好准备。热身还可以避免运动中突然用力而拉伤肌肉。许多其他的损伤也可以通过正确的热身运动来防止。

（2）做好设施安全检查工作，保证设施安全。运动前必须认真检查体育设施是否安装牢固，同时认真检查自己的服装，衣服要宽松合体。着装不符合规范应当更换，以免受伤。

（3）运动过程中注意对自己的保护。要遵守赛场纪律，服从调度指挥，这是确保安全的基本要求。参加篮球、足球等剧烈性运动时，要学会保护自己，也不要在争抢中蛮干而伤及他人，必要时可以采取防护措施，如带护腕、护膝。在这些争抢激烈的运动中，自觉遵守竞赛规则对于安全是很重要的。

（4）运动后的放松活动也很必要。比赛结束后，不要立即停下来休息，要坚持做好放松活动，如慢跑等，使心脏逐渐恢复平静。运动后还应注意的其他事项有以下几点：

- 不宜立即吸烟；
- 不宜马上洗澡；
- 不宜贪吃冷饮；

- 不宜蹲坐休息；
- 不宜立即吃饭；
- 不宜大量吃糖；
- 不宜喝大量的水。

（5）大学生进行体育锻炼要根据自己的身体实际状况进行，切不可做自己身体不能承受的剧烈活动。体育锻炼贵在坚持，量力而行，运动负荷要循序渐进，逐渐提高。进行剧烈活动时必须加强对自己的保护，防止心脏因不堪重负而发生心源性猝死，剧烈活动后不要立即停止，防止由于供血不足发生休克。

（6）在进行水上运动时，首先要对水上场所的环境有所了解，保证水上安全；在游泳之前一定要做好充足的准备活动，适应水温后再下水，防止抽筋；严禁在水中打闹、嬉戏，防止发生呛水。发现溺水者要用正确的方式营救。

2. 体育运动损伤的应对

（1）踝关节扭伤。踝关节扭伤是体育运动中最常见的一种关节韧带损伤，一般在篮球、足球、跳远、跳高、滑雪和溜冰等运动中容易造成踝关节扭伤。踝关节的准备活　动未充分做好、跑跳时用力过猛、落地的姿势不当、地面不平等都是造成踝关节扭伤的重要原因。发生踝关节扭伤应停止锻炼，高抬伤肢，12 小时冷敷，在 24 ~ 36 小时后需热敷。

（2）肌肉拉伤。肌肉拉伤是指在外力的直接或间接作用下，使肌肉过度主动收缩或被动拉长所导致的肌纤维撕裂的损伤，易发生于下肢、肩胛、腰背部和腹直肌等部位，主要由于运动过度或热身不足造成。可根据疼痛程度推断受伤的轻重，一旦出现痛感应立即停止运动，并在痛点敷上冰块或冷毛巾，保持 30 分钟，使小血管收缩，减少局部充血、水肿，受伤后切忌立即搓揉及热敷。

（3）关节韧带损伤。关节韧带损伤是在间接外力作用下，使关节发生超常翻转活动，而造成的关节内外侧韧带部分纤维断裂，易发生的部位是踝关节、腕关节和膝关节。治疗方法主要是止痛和加快消肿、局部冷敷、加压包扎、抬高伤肢。

（4）骨折。常见骨折分为两种：一种是皮肤不破，没有伤口，断骨不与外界相通，称为闭合性骨折；另一种是骨头的尖端穿过皮肤，有伤口与外界相通，称为开放性骨折。对开放性骨折，不可用手回纳，以免引起骨髓炎，应用消毒纱布对伤口做初步包扎，止血后，再用平木板固定送医院处理。骨折后肢体不稳定，容易移动，会加重损伤和剧烈疼痛，可找木板、塑料板等将肢体骨折部位的上下两个关节固定起来。无法行走的伤者要用正确的方式搬运。

（5）擦伤。擦伤即皮肤的表皮擦伤。如擦伤部位较浅，不需包扎，只需涂红药水即可；关节附近的擦伤，则应首先进行局部消毒，以免感染波及关节；如擦伤创面较脏或有渗血时，应用生理盐水清创后再涂上红药水或紫药水。

（6）挫伤。挫伤是由于身体局部受到钝器打击而引起的组织损伤，如运动中的相互冲撞、踢打所致的伤。轻度挫伤不需要特殊处理，经冷敷处理24小时后可用活血化淤酊剂，局部可用伤湿止痛膏贴上，在伤后第一天予以冷敷，第二天热敷，约一周后可吸收消失。较重的挫伤可用云南白药加白酒调敷伤处并包扎，隔日换药一次，每日2～3次，加理疗，必要时使用抗菌素药物，预防感染。

（7）脱臼。脱臼即关节脱位。一旦发生脱臼，应叮嘱病人保持安静，不要活动，更不可揉搓脱臼部位。如脱臼部位在肩部，可把患者肘部弯成直角，用三角巾把前臂和肘部托起，挂在颈上，再用一条宽带缠过脑部，在对侧脑作结。如脱臼部位在髋部，则应立即让病人躺在软卧上送往医院。

（8）鼻出血处理方法。鼻部受到外力打击，鼻内的血管破裂，可能发生相当严重的鼻出血。鼻出血的病人可暂时用口呼吸，同时头要向后仰，在鼻部放置冷水毛巾。如果出血不止，可用凡士林纱布卷塞入出血的鼻腔内。

二、体育活动安全问题的防护

体育锻炼能够帮助同学们增强体质，可是在体育活动中也存在着威胁我们生命安全的陷阱。目前，学校体育活动中出现的伤害事故呈上升趋势。应该如何减少或者避免体育活动中伤害事故的发生呢？

1. 防护工作

（1）认真做好准备活动。在安排准备活动的内容时，要根据教学内容而定，既要有一般性的准备活动，也要根据教学内容进行专项准备活动。对运动中负担较大和易伤部分，要特别注意做好准备活动，适当地做一些力量性和伸展性练习。

（2）重视思想教育。学生与体育教师要在思想上高度重视安全教育，以增进学生的身心健康为目的，认真贯彻以预防为主的方针，切实开展体育教学。同时，体育教师要有高度责任感，爱岗敬业，切忌课中擅自离开教学区。

（3）掌握好自己的身体情况，不盲目地参加体育活动，运动适量。

（4）运动前应该摘下胸针和各种金属、玻璃等装饰物，口袋里也不要放尖锐的物品，以免划伤、碰伤。

（5）消除心理障碍。体育运动的复杂性、竞技性和社会性，对学生心理方面的要求越来越高，目前有些学生存在着不同类型的恐惧，如看到跳箱、双杠等体操器械就害怕，对长跑有恐惧心理等。同时学生的心理状态也与安全事故的发生有着一定的关系，如心情不好、情绪低落或急躁、缺乏锻炼的积极性或急于求成等。因此，体育教师要善于观察学生，常与学生沟通，消除学生的心理障碍。

（6）掌握好急救和自救措施，发生问题不慌张，沉着应对，同时要懂得科学的救护措施，不要将一些错误的常识加以运用，避免延误救治时间和加重病情。

2. 学生不宜参加运动或剧烈的运动的情况

（1）对患有各种疾病的学生，应当遵照医嘱服药和休息，停止参加体育活动。

（2）患有先天性心脏病的学生，不能上体育课和参加体育竞赛，课外活动也要在体育老师指导下参加运动量不大的保健活动。

（3）患肝炎、肾炎、肺结核等刚病愈的学生，不能参加剧烈体育活动。

（4）感冒发烧的学生也不宜参加体育锻炼。

（5）饭后不宜立即参加剧烈运动。

思考题

1. 保障人身安全最需要注意的是什么？应该如何去遵守？
2. 如何加强大学生自身的修养，锻炼承受挫折的能力？
3. 在大学生做户外运动前，应做哪些准备？

第7章 网络安全人人有责

Chapter 7

网络，一个科技发展的产物，也是信息时代的标志。它方便、快捷、灵活，是学习生活工作的好帮手。但网络又是一个复杂的东西，也有不足的一面：网络游戏、沉湎聊天、黄色网站是三大社会公害。网络信息良莠不齐、泛滥成灾，垃圾信息对学生整体素质造成冲击；网络传播成为诱发大中专院校学生人生观、世界观、价值观的冲突与失范的重要因素，如虚拟的网恋，让不谙世事的学生上当受骗；“网络上瘾症”、“孤独症”等网络技术副产品使一些学生行动变异、心理错误乃至生理失调，造成身心危害；这就是网络。

同学们如能做到绿色上网、文明冲浪则会获益匪浅；误用了网络，则会陷入无底深渊，难以自拔。要让大家充分认识到网络利弊，让网络为我们服务，使我们的学习和生活更方便、更精彩。

第一节　树立文明上网风气

一、初识网络 文明交流

当我们在享受网络丰富的资源给我们带来的快乐的同时，应该意识到网络虽然是一个虚拟的世界，但进入这个世界同样应当遵循相关法规，讲究网络文明。

贴吧是网站开辟的一项业务，强调用户的自主参与、协同创造及交流分享。在贴吧里任何人都可以对某件事、某个人、某个话题进行评论，提出自己的看法。在这样的环境之下，发帖者的语言应有所斟酌，言辞过激或者有人身攻击性言论势必会招来其他人的反感与反击，甚至带来法律上的纠纷。无论是QQ聊天交往或者贴吧上相识，都需注意自己的言行，不要因为网络是虚拟的空间就口无遮拦，也不要轻易相信虚拟网络中的任何承诺。

无论是在现实生活中还是在网络世界中，我们都倡导语言文明。文明的话语会收到微笑的回馈，恶语相向会招致飞来横祸。

言论自由，文明先行。在网上交往过程中应该注意以下几点。

1. 网上冲浪要注意语言文明，尊重他人

制造谩骂言论的人无外乎两种：一种是文化素质较低的人，对自己不认同的观点进行谩骂；另一种是出于种种原因，对社会不满或者是心理长期压抑而发泄情绪。无论是哪一种都会污染网络环境，引来众怒，激化矛盾。

2. 切勿在网络上发表一些不实的言论

不实的言论可能会导致众多网友在阅读和传播时产生思想混乱、引发矛盾，有时甚至会导致社会公共秩序的破坏。

【案例1】

汶川地震发生后，全国人民众志成城抗震救灾的同时，公安机关陆续发现一些不法分子通过互联网借机造谣生事，发布不实言论，扰乱人心；或以抗震救灾为幌子骗取钱财，扰乱社会秩序。

2008年5月14日，四川省成都市公安机关发现，有人在论坛发布一帖子，称“××化工厂爆炸了……”同时，另一网民在四川某论坛上发帖，称“请大家不要饮用自来水和地下水，可能已经被尸体污染”。以上两条信息在网上迅速传播并扩散，引起市民恐慌，在一定程度上干扰影响了当地的抗震救灾工作。经工作，违法人员韩某、刘某被抓获，并被分别治安拘留4天；违法人员曹某系未成年人，被训诫。

3. 网络交友要真诚，但是切莫轻信网络承诺

网络是一个虚拟的世界，在这样的环境中存在着形形色色的陷阱。“害人之心不可有，防人之心不可无。”在网络中要以真诚换友情，但也要时刻注意虚拟世界和现实生活之间的巨大差异。

【案例 2】

某高校保卫处将一名涉嫌诈骗的男青年姜某抓获。经过审查，该男子交代其是社会上的无业人员，曾在某高校读过一年自考。他经常上网聊天，网名为“飞翔鸟”，在网上自称是某高校的学生，父母都是公安局的，家庭条件较好，骗得女性网友的好感，然后约女性网友见面。见面后，以花言巧语小恩小惠进一步骗取女性网友的信任，然后谎称自己最近有病或有其他事急等用钱，没时间回家取钱等向网友借钱，以欺骗手段分几次骗取某高校两名女同学人民币 7 750 元以及手机等物品，诈骗另一高校女同学牟某人民币 480 元。

二、查找资料 注意甄别

【案例 3】

某高中教师办公电脑在一段时间内突然收到大量的违法宣传电子邮件，其内容极力歪曲社会事实。在该校网络中心管理员封锁网络通道无果后，遂向公安机关报警。公安机关在搜寻邮件来源的同时，帮助网络管理员设置了更加安全的网络策略，恢复了学校正常的教育教学秩序。

国内大大小小的网站中有四五千个论坛是不用经过审查就能够发帖子的。一些政治谣言及一些不利于国家、社会稳定的言论，多半是从这样的论坛发送出来的。很多违法组织在互联网上建立了网站，利用互联网传递信息，大肆宣扬歪理邪说。

网络上充斥着形形色色的人物发表的言论，小道消息满天飞。有些人，对网络信息由迷恋发展到盲目崇拜，好像网络能解决一切问题。网络信息有真实也有虚假，有新知也有旧闻。如何来分辨这些信息的真、伪、善、恶？这就需要同学们用一双科学的眼睛和清醒的头脑来辨识真伪、美丑。

网络开阔了大学生的视野和学习空间，增长了学生的知识，丰富了学生的娱乐活动，但是网络在给我们带来极大便利的同时，也带给我们许多不利影响。网络是一把双刃剑，作为当代大学生，必须掌握一定的网络安全知识，合理安全地利用网络。

第二节　提高网络信息安全意识

网络作为一个人人可以参与的平台，大学生可以在这里尽情地展示自己，让别人了

解你的同时也使自己的生活变得更加方便和精彩。但是大学生也应该注意到网络的不安全因素，特别是网络信息的泄露很容易让你陷入他人的要挟之中，造成众多网络事故的发生。所以大学生必须知道如何安全使用网络，尽量减少网络不安全因素的威胁。

网络作为信息交流与传播的重要工具之一，人们可以最大限度地收集、使用信息，但是在信息大范围被利用的同时，信息也因为网络的共享性和开放性变得不再那么安全，出现了大量的信息丢失现象，这就需要我们知晓必要的网络安全知识，提高信息保密意识，加大防范力度。

一、常见网络问题与危害

网络作为一种重要的交流与传播工具，在增长知识、丰富生活的同时，也给大学生带来许多次生的不安全因素。大学生作为网络的应用人群，必须知道常见的网络不安全因素，加强防范，保护自身安全。常见的网络问题及危害主要有以下几个方面。

1. 沉迷网络游戏

截止到 2008 年 6 月，国内上网用户人数已经超过 3 000 万，其中 85%以上是青少年群体，占据绝对主导地位的更是那些所谓的高学历未婚男性青年，这些人上网的主要原因就是上网玩游戏，网络游戏将他们牢牢地俘获。

沉迷网络游戏

（1）大学生沉迷网络游戏的原因分析。

① 社会潮流的影响。当今网络世界正在逐步建立，地球村已经不再是幻想，在这个网络主导的社会，人人都在谈论着网络，人人都在感受着网络所带来的欣喜。很多学生为了追求时尚，为了追求自己炫耀的资本，为了那些所谓的潮流就迷上了网络，在网络中感受时代的变化。

② 大学生的不正常心理。大学生正处在生长发育的时期，追求刺激，勇敢尝试，在网络这片未知的领域也想要实践，同时很多同学为了满足自己的虚荣心，想要在别人面前有骄傲的资本，显现出自己有多么的“多才多艺”，就开始了网络游戏毫无休止的征程。

③ 挫折导致的扭曲心态决定的。很多的学生在现实生活中处处碰壁，事事不得意，会产生自己一无是处的想法，对生活感到厌倦，找不到自信，这时候在虚拟的网络游戏中，没有人在意你的过去，人人都是平等的，在不断的厮杀当中，自己在现实中受

伤的心找到了安慰，得到了满足，慢慢就会变得无法自拔。

④ 网络游戏虚拟物品奖励。学生沉迷网络游戏的主要原因就是大多数网络游戏都设置了经验值增长和虚拟物品奖励功能，要想得到奖励，就要长时间在线积累经验，导致学生沉迷网络游戏现象的发生。

（2）沉迷网络游戏的危害。

① 荒废学业。很多网络游戏上瘾的同学把全部的注意力转移到网络游戏上，学习的重要性已经被网络游戏所取代，一心想着如何在网络游戏中取得好的分数和地位，自然而然就会忽略了学习。

【案例 4】

成都某高校的一个大学生，有这样一张作息时间表：13:00，起床，吃中饭；14:00，去网吧玩网络游戏；17:00，晚饭在网吧叫外卖；通宵练级，第二天早上 9:00 回宿舍休息……

这位大学生几乎把所有的空余时间都拿来打游戏，并开始拒绝参加同学聚会和活动。大约两个月之后，他发现自己思维跟不上同学的节奏，脑子里想的都是游戏里发生的事，遇到事情会首先用游戏中的规则来考虑。他开始感到不适应现实生活，陷入了深深的焦虑之中。

② 对身体的危害。电脑显示器有辐射，长时间在计算机前会对身体产生很大危害损害身体健康。

③ 诱发各种社会问题。网络游戏中充斥着各种暴力、色情信息，在潜移默化中就会影响学生的行为活动，在学生头脑中渗透入这种危险因素，同时学生为了更多地进行网络游戏，很多缺少资金支持的人就会走上违法犯罪的道路。

（3）沉迷网络游戏的防范。

① 政策的支持。政府应该出台相应的政策，严格管制网络，控制网络游戏的泛滥，要求网络的管理者合法经营，严格控制网络的应用。对那些违反法律的行为严格惩处，规范网络秩序。

② 家长发挥自己的作用。家长对孩子进行监督教育，让孩子意识到网络游戏的危害，树立正确的上网习惯，让孩子能够正确地利用网络，孩子让在合理的范围内接触网络。

③ 学生自己要加强自我控制。有些学生的自制力比较差，为了防止网络游戏的吸引，要树立正确的兴趣爱好，转移自己的注意力，要正确认识自己的价值，转变自己错误的观念态度。

④ 网络游戏防沉迷系统的开发。《网络游戏防沉迷系统开发标准》的核心内容就是：上网者累计 3 小时以内的游戏时间为“健康”游戏时间，超过 3 小时后的 2 小时游戏时间为“疲劳”时间，在此时间段，玩家获得的游戏收益将减半。如累计游戏时间超过 5 小时即为“不健康”游戏时间，玩家的收益降为 0，以此迫使上网者下线休息、学习。

⑤ 学校加强管理。学校可要求申请上网的学生在电脑里安装一个上网客户端，这样学校可以在里面设计一个限时程序，规定学生连续上网的时间，超过时间的强制下线，这样就可以很好地控制学生的上网时间，将上网时间规定在一个合理的范围内。

2. 网上购物

网上购物作为一种新兴的购物方式，已经渐渐成为一种时尚，并且正在大规模地推广，网上购物理念已经渐渐深入人心。尤其是对于大学生，网上购物突破了传统的商务障碍，节省了交易时间，简化了交易程序，实现了资源更大范围的流动。但是网上购物消费模式并非尽善尽美，网络诚信问题时刻都在威胁网上购物模式的发展。大学生在选择网络购物时一定要比较各个商家的信用度和产品质量，更要在平时积累必要的网络购物安全知识。

（1）网上购物存在的安全问题。

① 交货延迟。付款后不能按期收到货物的事屡见不鲜，付款后收不到货物的情况也经常会出现，这样就加大了网上购物的风险。

② 网上欺诈与虚假广告。互联网技术使得某些商家可通过匿名的方式躲避调查，利用监管难度大、隐蔽性强、传播快的特点大行虚假广告和欺诈之道，它们往往打着“跳楼价”等旗号吸引消费者的眼球，借机侵犯消费者的权益而为自己牟利。

③ 交易对象认定的模糊性。在传统购物环境下交易对象非常明确，商店里挂的营业执照就表明了经营者的身份，一旦出了问题可以直接到原购物地点追讨责任。但是在网络环境下，消费者只有通过经营者网站中提供的信息了解对方，但是至于信息是否真实、对方到底是谁根本就不清楚。

④ 售后服务的欠缺。网上购物的售后服务较差，有时商品出了问题经营者能推则推，就算有售后服务也只是表面应付一下，许多问题根本得不到实质解决。

⑤ 个人信息的泄露。多数购物网站都得注册成为其会员才能购买其产品，个人资料容易流失，很容易被人利用要挟。

（2）大学生在上网购物的时候一定要谨慎，采取一定的措施来维护自己的利益。

提交任何私人信息时要对加强个人信息保护，尤其是要提供信用卡号的时候，一定要确认数据已经加密，并且是通过安全连接传输的。

保护好自己的隐私，在设密码的时候最好不要用生日、电话号码等容易让别人得到的数字，最好是一串比较独特的数字、字母或其他符号。同时要花几分钟阅读一下公司的隐私保护条款，尽量少地暴露你的私人信息，不是必填的信息不要主动提供。

检查销售条款。比较著名的零售商都会提供有关的销售条款，包括商品的质量保证、责任限度，以及有关退货和退款的规定，要多了解这方面的信息。

使用安全的支付方法，使用信用卡和借记卡在线购物的时候不但方便，而且很安全，通过它们进行的交易都受有关法律的保护。另外，如果信用卡或借记卡被盗用的话，持卡人只需承担很小的一部分金额。

权益受侵要提出控诉。如果你在网上购物的时候碰到了什么问题，就应该立即通知这个公司，在他们的站点上找到免费服务的电话号码、邮件地址或客户服务的链接。如果该公司自己不解决有关的问题，应该与有关主管部门联系。

3. 网恋

随着网络的发展，人们交流沟通日益加深，网恋应运而生，很多男女大学生在现实中渴望有一份顺利而真挚的感情，可是现实不能让任何一个人都得到满足，很多人无法在现实中找到自己的那份幸福，他们在现实中得不到的慰藉往往可以在网络中得到，在现实生活中的压力和郁闷也可以在网络中得到很好宣泄，在现实中说不出的话也可以在网络中尽情说出来，不管对方是什么样的人，你都能找到一个倾听者，这样网恋就顺理成章地产生了。尤其是大学生正处在心理和生理趋于成熟的时期，对异性和爱情的渴望较为强烈，许多大学生之所以沉迷于网恋，就是因为那虚拟的世界可以满足他们情感的宣泄。并不是说网恋一定就不幸福，但是网恋存在着风险，许多犯罪分子正是利用了网络和人们的心理，对受害人进行诈骗、抢劫，甚至是人身伤害。所以大学生要树立正确的爱情观，不要过度沉迷于网恋，以免被坏人利用。

（1）网恋的不真实。

网恋中的人有很多丧尽天良的不法分子，他们只是拿着谈恋爱的幌子骗那些真心想要找到真爱的人，他们用各种花言巧语，用各种不可告人的手段把单纯的人们骗到手后，骗取财物，还有的把女大学生骗出来然后拐卖，甚至施予暴力伤害，达到自己不可告人的目的。

【案例5】

哈尔滨市公安局刑侦支队、江苏宜兴公安局、黑龙江省伊春市公安局三地警方联手，破获了一起杀人勒索案件：犯罪嫌疑人毕某在伊春市一网吧作网管，通过网上结识了南京某大学学生小雪，二人在网上越聊越投机，开始了“网恋”。在毕某的邀请下，小雪背着父母，谎称和同学一起到哈尔滨看冰灯，实际上是与网友约会。二人在哈尔滨住了一夜，又到大庆待了三天，之后回到伊春。短暂的相逢后，小雪回到学校，两人继续着他们的网恋。小雪的学习成绩非常好，家庭条件又好，父母决定先送她到北京强化学习外语，然后送她到英国深造。小雪把这一情况告诉了毕某，并几次暗示要分手。毕某哪肯放掉要到手的“肥肉”。他找到朋友唐某密谋将小雪约来，实施杀人勒索计划。5月8日，毕某给在北京的小雪打电话，“诚恳”约她出国前再见一面。天真的小雪此时已结束北京的学习，9日带着行李坐火车来到哈尔滨市。5月10日清晨，唐某专程到哈尔滨接站，当天晚上到伊春。三人吃完饭后，毕某与唐某合伙将小雪掐死。5月12日，唐某又返哈尔滨，给小雪的父亲发了多条短信息表示小雪在他手上，要挟小雪家人拿出118万元赎回。小雪父母报案，警方迅速侦破了这起杀人勒索案。但是，小雪已经魂断北国。

（2）网恋对自身的影响。

很多网恋的人在现实生活中就是因为感情出现了问题才会选择网上恋爱，来缓解自己的郁闷情绪，想要在网上找到感情的寄托，但是如果网上恋爱也失败了，就会对人们产生很大的打击，使他们对生活产生消极的情绪，严重的更会因为感情得不到满足而产生轻生等扭曲的心态，对自己的成长带来不好的影响。

4. 网上诈骗

现代高科技的发展促进了社会的进步，但同时也给不法分子带来了更加先进的诈骗手段。近些年来网络的发展也在渐渐成为被犯罪分子利用的重要手段。

（1）网上诈骗的形式。

① “人人中大奖”的骗子游戏。现在网上的虚假信息越来越多，很多人就会给你发信息说“恭喜您中大奖，您可以获得电脑、摄像机、手机等贵重物品”等，可一旦你将他们要求的邮资寄过去，那些所谓的奖品就没了踪影。诈骗分子就是利用人们的这种贪小便宜的心理来实施诈骗。

② 许诺特许权。通常以某种商业机会和特许产品展览做诱饵，只要你将自己的个人详细信息交给了他们，他们就会用各种卑鄙的手段来冒用你的信息来谋取钱财，来向你的家人冒名要钱，或者办理各种证件，让你背负巨债。

③ 假冒伪劣的促销。利用网络电话来兜售一些非法或欺骗性的投资产品，夸大自

己的产品的效果，来骗取人们的信任，获得暴利。

（2）网上诈骗的危害。

① 损失钱财。诈骗者的最大的目的就是为了获取利益，就是为了赚钱。诈骗一旦成功，人们就会损失大量的钱财。

② 危害人们的人身安全。许多诈骗犯顺带还进行人口拐卖，一旦落入诈骗分子的陷阱，就会一直被他们牵制，自己的人身安全就落入了他们的手中。

5. 计算机犯罪的预防

所谓计算机犯罪，是指利用计算机为技术工具实施的犯罪和以计算机资产为犯罪对象的犯罪的统称。这种犯罪行为往往具有隐蔽性、智能性、犯罪成功率高和严重的社会危害性的特点。

随着时代的进步，计算机网络技术迅速发展，人类社会信息化程度不断提高，计算机网络开始广泛应用于社会的各个领域，为人类生活带来了日益广泛的便利。但是任何一种技术在促进社会发展的同时都有可能被用于犯罪活动中，给他人带来灾难与痛苦。在网络技术日渐走近我们的同时，一种新兴的犯罪形式——计算机犯罪也悄悄走入了我们的生活，正在逐渐成为人类安全的又一个杀手。

（1）计算机犯罪主要类型。

① 破坏计算机信息系统犯罪。这种犯罪也就是《刑法》第二百八十六条规定的犯罪，即针对计算机“信息系统”的功能，非法进行删除、修改、增加、干扰，对于计算机信息系统中存储、处理或者传输的数据和应用程序进行删除、修改、增加的操作，故意制作、传播计算机病毒等破坏性程序，影响计算机系统正常运行，后果严重的行为乃是破坏计算机系统犯罪。

② 计算机网络侵权犯罪。网络侵权行为按主体可分为网站侵权和网民侵权，按侵权的主观过错可分为主动侵权和被动侵权，按侵权的内容可分为侵犯人身权和侵犯财产权。

③ 非法侵入计算机系统罪。《刑法》第二百八十五条规定，“违反国家规定，侵入国家事务、国防建设、尖端科学技术领域的计算机系统的，处三年以下有期徒刑或拘役。”随着社会信息化程度的加深，计算机系统对于公众作用特别是公共服务系统

趋于重要，计算机系统一旦被非法闯入，往往给系统管理人和使用者带来不可挽回的损失。特别是在信息逐步成为生产和经营要素和公众对于隐私权越来越重视的今天，各种数据的泄密可能导致的是一个计算机系统服务提供者的破产。

④ 故意制作、传播计算机病毒犯罪。《中华人民共和国计算机信息系统安全保护条例》第二十八条规定："计算机病毒，是指编制或者在计算机程序中插入的破坏计算机功能或者毁坏数据，影响计算机使用，并能自我复制的一组计算机指令或者程序代码。"这是一个具有法律效力的定义。计算机病毒的传播具有广泛传染性、潜伏性、破坏性、可触发性、针对性和衍生性、传染速度快等特点。故意制作、传播计算机病毒等破坏性程序是违法犯罪行为，要受法律制裁。

⑤ 计算机系统安全事故犯罪。在我国，重要部门和机构的计算机系统都有相应的管理规定，但对于提供公共服务的计算机系统缺乏相应的法律规定，更没有相关的刑法规定。一个计算机系统其自身的保护措施究竟到什么水平上才能起到保护系统使用者利益的问题，在法律上并没有解决。

（2）计算机犯罪的预防。

① 加强教育与宣传，增强从事网络工作人员的防范意识与自我信息保护能力。

② 对于各类网络人员进行计算机道德和法制教育，增强他们的法制意识。

③ 发展计算机技术，从计算机技术方面加强对计算机犯罪的防范能力，强化计算机对于信息的自我保护能力。

④ 对计算机系统采取适当的安全措施，经常进行杀毒处理，防止各种病毒侵害造成信息流失。及时备份重要数据，选择和加载保护计算机网络安全的网络杀毒软件，并定期升级。

⑤ 建立系统的督查机制，对于各个网站、网吧进行系统化管理。

⑥ 完善法律法规，建立健全打击计算机犯罪的法律，法规及各种规章制度。

⑦ 设置相关的网络口令时，注意保护自己的口令安全，不要轻易泄露给别人，必要时要定期修改口令。

⑧ 不要轻易运行来历不明的软件，不要轻易打开陌生人发来的 E-mail，这些软件和电子邮件很有可能带有病毒，很容易给犯罪分子可乘之机，造成财产及人身损失。下载软件要去声誉好的专业网站，既安全又能保证下载速度较快。

⑨ 选择使用具有良好信誉的正版软件产品，对于操作系统、软件的安全性漏洞要及时从厂商处获取补丁程序。

⑩ 接受远程文件输入时，不要将文件直接写入本地硬盘，要先写入移动存储设备，

然后进行杀毒后再进行复制。

⑪ 选用必要的加密和信息保密设备。

⑫ 如果你使用数字用户专线或是电缆调制解调器连接互联网，就要安装防火墙软件，监视数据流动。要尽量选用最先进的防火墙软件。

⑬ 不要轻易给别人的网站留下你的电子身份资料，不要允许电子商务企业随意储存你的信用卡资料。

⑭ 注意防止盗窃计算机案件。在高校经常会发生此类案件。小偷趁学生节假日外出、夜晚睡觉不关房门或外出不锁门等机会，偷盗台式电脑、笔记本电脑等，或者偷拆走电脑的CPU、硬盘、内存条等部件，给学生造成学习困难和经济损失，同时造成信息流失，带来重大危害。

二、网络信息安全与防范

网络信息安全是指网络信息系统的硬件、软件和系统中的数据受到保护，不受偶然的或者恶意的原因破坏、更改与泄露，系统可以连续可靠地正常运行，网络服务不中断。网络信息安全是一个关系国家安全和主权、社会稳定的重要问题。其重要性，正随着全球信息化步伐的加快越来越重要。网络信息安全是一门涉及计算机科学、网络技术、通信技术、密码技术、信息安全技术、信息论等多种学科的综合性学科。网络信息的透明加大了犯罪发生的可能性。

1. 网络不良信息危害与预防

《计算机信息网络国际联网安全保护管理办法》第五条规定有9个方面的网络信息为不良信息：煽动抗拒、破坏宪法和法律、行政法规实施的；煽动颠覆国家政权、推翻社会主义制度的；煽动分裂国家、破坏国家统一的；煽动民族仇恨、民族歧视，破坏民族团结的；捏造或者歪曲事实，散布谣言，扰乱社会秩序的；宣扬封建迷信、淫秽、色情、赌博、暴力、凶杀、恐怖，教唆犯罪的；公然侮辱他人或者捏造事实诽谤他人的；损害国家机关信誉的；其他违反宪法和法律、行政法规的。对青少年来说，网络不良信息主要有两个方面，一是网络游戏，二是暴力情色内容。青少年好奇心极强但自制力却比较差，互联网中的不良信息对青少年的身心健康构成了威胁。

网络游戏设计商营造各类虚拟情节、道具、乃至社会关系诱使青少年上瘾，让广大青少年陷入难以自拔的虚拟世界之中。更有甚者，某些网站内容格调低下，成为新的“藏污纳垢”之所。

沉溺于网络游戏的青少年，在虚拟世界里花费大量的时间和精力，忘记了自己还要承担社会所赋予的角色和权利，该读的书没有读，该学习的技能没有学。部分有暴力倾向的游戏还致使一些青少年走上了犯罪的道路。

（1）网络不良信息危害。

网络不良信息危害主要包括以下几个方面。

① 网络煽动性信息危害大：网络煽动性信息又叫黑色信息，指制造社会政治、经济、组织混乱的信息。由于计算机网络传递信息受传统控制影响很小，使社会不再能够有效地施行言论监督。网上交流的匿名化，给各种竭力逃避现实社会打击和控制的非法组织或个人以可乘之机。一些非法组织也通过互联网发布危害国家安全的信息，蛊惑人心；一些非法分子在互联网上进行诽谤、侮辱、赌博、侵害著作权和隐私权等。由于青少年社会经验的缺失，很容易被敌对分子利用，成为敌对分子的工具。

② 网上暴力文化影响大：暴力文化，是指通过各种表现手法，肆意渲染美化暴力行为，从而使社会和受众深受其害的文化。互联网在把境外大量先进科学技术、优秀的思想文化信息传输进来的同时，也夹带许多西方暴力文化信息。尤其是电脑多媒体技术的发展，各种带有境内外暴力文化特质的影碟、游戏软件，通过电脑和网络传输给青少年。甚至有些网站网上教授如何制造炸弹、如何实施各种暴力犯罪。由于青少年人生经历太浅，是非观念不清，加之缺乏自我控制能力，因而容易通过网络传媒接受西方暴力文化和我国传统暴力文化的误导，做出各种暴力行为，导致暴力犯罪。

③ 网络信息被黑客窃取危害大：计算机黑客是指对计算机软件和网络技术相当精通的人，未经授权进入计算机信息系统，对系统进行攻击，对系统中的信息窃取、篡改、删除，甚至利用计算机病毒破坏部分系统或全部网络。由于有些信息系统涉及有关国家安全的政治、经济和军事情况以及一些工商企业单位与私人的机密及敏感信息，因此网络黑客窃取信息影响重大。

（2）网络不良信息的预防。

① 成立专门的组织与部门或整合现有的资源对网络内容进行有效管理，有效杜绝网络不良信息的侵扰。

② 准入资格限制。对网络服务进行准入资格限制，从事网络信息服务应向国务院信息产业主管部门或省、自治区、直辖市电信管理机构申请办理经营许可证，网络服务商应在网站主页显著位置标明许可证号，并对所提供的信息承担责任。

③ 相关部门对于部分信息控制信息源。如对境外具有不良信息内容的网站实行隔

离、屏蔽。对互联网站链接境外网站、登载境外新闻媒体和互联网站发布的新闻，必须报经国务院有关部门批准。发现不良信息及时控制。

④ 加强相关网络信息安全的法律法规的制定，规范与统一不良信息的认定标准，明确不良信息的范围，对于网络犯罪做到有法可依，有法必依，违法必究。

⑤ 设计科学的信息鉴定程序，明确网络服务提供商在不良信息鉴定过程中的作用。网络服务提供商发现其网络传输中的信息属于法定禁止性内容的，应当立即停止传输，保存有关记录，并向国家有关机关报告。

⑥ 加强网络法制的国际合作，共同抵制网络的不良信息。虽然各国对不良信息认定的标准存在差异，但可以通过国际间的合作缩小这种差异，共同抵制各国共认的网络不良信息，维护网络安全。

不良信息举报网站：http://net.china.com.cn 中国互联网违法和不良信息举报中心。

2. 网络信息安全问题的种类

（1）计算机病毒的威胁。

计算机病毒是一段占据存储空间非常小的（通常只有几 KB）会不断自我复制、隐藏和感染其他程序的程序代码。它在我们的计算机里执行，可使计算机里的程序或数据消失或改变。病毒具有变种快、更新快、存活能力强的特点，锁定目标定向传播，针对可能获取利益的群体进行，同时计算机病毒的数量正在迅速地发展。计算机病毒的危害主要有以下几个方面。

① 影响计算机运行速度。大多数病毒在动态下都是常驻内存的，这就必然抢占一部分系统资源。病毒所占用的基本内存长度大致与病毒本身长度相当。病毒抢占内存，导致内存减少，一部分软件不能运行。

② 病毒对计算机数据信息有直接破坏作用，例如格式化磁盘、改写文件分配表和目录，删除重要文件，造成数据的损失。

③ 占用磁盘空间，由病毒本身占据磁盘引导扇区，而把原来的引导区转移到其他扇区，被覆盖的扇区数据永久性丢失，无法恢复。一些文件型病毒传染速度很快，在短时间内感染大量文件，每个文件都不同程度地加长了，就造成磁盘空间的严重浪费。

（2）数据丢失。

在我们应用计算机的时候往往会发现以前存入的一些数据不翼而飞了，这就是数据丢失。数据丢失的原因主要有以下几个方面。

① 用户的数据保护意识不高。过分依赖防病毒软件的思想使得用户疏忽了对数据

的保护，等到数据灾难发生的时候才发觉。

② 分区表丢失/出错。因感染病毒盘符突然消失、无法打开盘符，或被人为操作将分区表丢失，如重新分区、合并、转换、扩缩、工作过程中突然断电导致分区表丢失等。

③ 黑客入侵与病毒感染。这一因素造成数据灾难所占的比例最高，如今的黑客能在装有防火墙的网络中进出自如，病毒可以在几个小时之内遍布全球，时刻都在威胁着数据的安全。

④ 硬盘或系统、软件故障。由这一原因造成的数据丢失多数表现为：数据无法找到，系统不认识所使用的装置，机器发出噪音，计算机或硬盘不工作等。

（3）信息污染。

信息污染主要是指利用计算机网络传播违反社会道德或所在国法律及社会意识形态的信息，即信息垃圾，如一些色情的、种族主义的或有明显意识形态倾向的信息，这些不仅对青少年的毒害十分严重，也对国家安全、社会稳定造成极大的危害。

3. 网络信息安全的防范

（1）学校管理方面的安全措施。首先是制定严格的规章制度和措施，加强对人员的审查和管理，结合机房、硬件、软件、数据、网络等各个方面的安全问题，对工作人员进行安全教育，提高工作人员的责任心，严守操作规则和各项保密规定，防止人为事故的发生。其次是加强对信息的安全管理，对各种信息进行等级分类，对保密数据从采集、传输、处理、储存和使用等整个过程，都要对数据采取安全措施，防止数据有意或无意泄漏。

（2）网络安全漏洞扫描技术。漏洞扫描是使用漏洞扫描程序对目标系统进行信息查询，通过漏洞扫描，可以发现系统中存在的安全隐患。这项技术的具体实现就是安装扫描程序，用来收集初步的数据。

（3）防火墙技术。防火墙作为加强网络访问控制的网络互连设备，是在内部网与外部网之间实施安全防范的系统，它保护内部网络免受非法用户的入侵，过滤不良信息，防止信息资源的未授权访问。

（4）备份和镜像技术。用备份和镜像技术提高数据完整性。备份技术是最常用的提高数据完整性的措施。它是指对需要保护的数据在另一个地方制作一个备份，一旦失去原件还能使用数据备份。

（5）防病毒技术。安装杀毒软件定时对机器进行扫描，经常升级杀毒软件。

（6）个人方面，大学生应该在自己上网时，加强对自己信息的保护，提高保护自己信息的意识。同时要遵守网络道德，在没经他人允许的情况下，不利用或者向第三方提供他人的信息。

重要提示　沉迷网络让大批大学生荒废了学业，浪费了大量的金钱和珍贵的时光。

第三节　学习互联网法律法规

2010年4月29日，中宣部副部长，中央外宣办、国务院新闻办主任王晨做“关于我国互联网的发展与管理”为主题的法制讲座时指出，我国已初步建立了互联网法律制度，制定了《全国人民代表大会常务委员会关于维护互联网安全的决定》等30多部针对互联网的法律、行政法规、司法解释和部门规章。

这些法律法规基本形成了专门立法和其他立法相结合、涵盖不同法律层级、覆盖互联网管理主要领域和主要环节的互联网法律制度。这些法律法规为依法管理互联网提供了基本依据，为维护网络信息安全发挥了重要作用。

思考题

如何提高自身的网络安全防范意识？

第 8 章

保护好财物安全

Chapter 8

近年来校园内最常发生的大学生财物被盗案件主要有两类：一是不法分子利用一些学生的善良之心和疏于防范之心，利用老乡或者交朋友等名义，骗取学生的信任，盗窃学生的存款或者进入学生宿舍盗窃财物；二是不法分子利用学生将装有贵重物品或证件的书包放在体育场地、食堂、图书馆等公共场所疏于防范之机，盗窃书包内有价值的财物。如果同学们提高安全意识，多掌握一些常见的防盗知识，就可以防止此类案件的发生，避免财物受到损失。

第一节　提高安全警惕性

大学生正处于一个心理、生理发展的重要阶段，社会阅历少，社会生活经验不够丰富，思想也不够成熟，这使得大学生群体极易受到伤害。常见的大学生财产伤害主要有盗窃、被骗、抢劫、敲诈、丢失财物等。为避免财务伤害，大学生必须树立安全防范意识，了解常见的侵害财产安全事故并掌握相应的防范常识，减少财产受到不安全威胁而受到损失的发生概率。

一、提高安全警惕性

面对时有发生的危及大学生财产安全的事件，不管是大学生还是校园安全保卫部门，都必须增强安全防护意识，提高安全警惕性。提高安全警惕性主要包括以下几个方面。

（1）认真开展安全教育，不断强化安全意识。学校要经常组织大学生学习相关安全知识，对大学生讲解提高安全警惕性的重要性。全校各有关单位都应相互配合，把学生安全教育工作作为一项经常性的重要工作来抓，积极开展安全教育，普及安全知识，增强学生的安全意识和法制观念，提高防范能力，增强学生在保护财产安全上的意识。

（2）大学生要主动通过各种途径了解防盗等相关知识，加强对这方面事故发生情况的了解，学会识别各种骗术，提高安全警惕性。

（3）学校要组织大学生学习各种安全知识，并讲解各种安全事故的相关案例，帮助大学生对安全问题有一个正确全面的认识。大学生在学习的过程中要积极吸取他人受骗、丢失财物的教训，加强对财产安全重要性的认识。

（4）视安全为需要，提高自我安全意识。不随意和陌生人交朋友，不把个人信息以及他人信息透露给别人。学生在日常教学及各项活动中应遵守纪律和学校有关规定，听从指挥，服从管理；在公共场所，要遵守社会公德，增强安全防范意识，提高自我保护能力。

二、防盗窃

盗窃是大学校园的多发性案件，一般占高校刑事案件的80%以上，所以做好大学校园防盗工作很有必要。盗窃事件多发地点主要包括学生宿舍、教室、图书馆、餐厅、公交车和商场等，盗窃分子盗窃的主要物品有现金、银行卡、自行车以及各种数码产品等。

1. 大学盗窃案件的主要特征

（1）时间上的选择性。大学盗窃的主要作案时间是上课时间。在上课期间学生宿舍里一般无人，盗窃分子一般都深知此规律，多在这一时间作案，因此这期间是外盗作案的高峰期。

（2）作案上的连续性。盗窃成功后，作案分子往往产生侥幸心理，加之报案的滞后和破案的延迟，作案分子极易屡屡作案而形成一系列的盗窃案件。

（3）目标上的明确性。高校盗窃案件特别是内盗案件中，作案人的盗窃目标比较明确。由于大家每天都生活、学习在同一个空间，加上同学间互不存在戒备心理，东西随便放置，贵重物品放在柜子里也不上锁，使得作案分子盗窃时极易得手。

（4）技术上的智能性。在高校盗窃案件中，在实施盗窃过程中对技术运用的程度较高，自制作案工具效果独特先进，其盗窃技能明显高于一般盗窃作案人员。

（5）手段上的多样性。盗窃分子往往针对不同环境和地点，选择对自己较为有利的作案手段，以获得更大的利益。各种作案手段主要包括：顺手牵羊、乘虚而入、窗外钓鱼、翻窗入室、撬门扭锁、盗取密码等。

（6）动机上的复杂性。大学盗窃案件犯罪的原因主要包括：追求享乐摆阔气、经济透支无来源、寻求报复泄私愤、心理扭曲变态满足心理要求等。

2. 大学生日常生活中应该注意的问题

（1）居安思危，提高自我防范意识。增强防盗窃意识，保护好自己的贵重物品。贵重物品平时最好锁在抽屉、柜子中，以防窃贼乘虚而入、顺手牵羊。

（2）加强对形迹可疑人员的盘问。非宿舍楼人员应禁止入内，对携物外出者，一定要问明情况。

（3）注意学生银行卡密码以及个人信息的保密。在使用银行卡时，要注意对密码的保护，加强防范措施，不对陌生人透露个人信息，以防被盗窃者利用，破译密码。

（4）养成随手关门、锁门的良好习惯。外出时一定要把宿舍门锁上、窗关上，防止不法人员乘虚而入，造成不必要的损失。

（5）对已发生盗窃案件及时报案。要了解学校安全保卫部门的位置和报警电话，发现盗窃事件发生要及时报告相关部门并等待处理。

（6）遵守纪律，落实学校安全规定。要相互关照，勤查勤问，对陌生人要多留一个心眼，积极参与安全值班，共同维护集体利益。年轻人喜欢交朋友是正常的，但不可违反学校的管理规定留宿不了解的人，更不能丧失警惕，引狼入室。

（7）在公交车、商场中要有识别扒手的能力，做好防护措施。公交车、商场中犯罪分子主要采取掏包、拉包、割包的手法进行作案。只要加强防范意识，就能够避免不必要的损失。

（8）发生盗窃案件后要保护好现场，及时报案。被盗案件发生以后，不要惊慌失措，应迅速组织在场人员保护好现场，并及时向学校保卫部门或公安部门报告，不得先翻动、查看自己丢了什么东西，否则将现场有关的痕迹物证破坏了，不利于调查取证。

（9）发现可疑人员，及时控制，掌握主动权。发现可疑人员一定要沉着冷静，应主动上前询问，一旦发现其回答有疑问，要设法将其稳住，必要时组织学生围堵，及时向有关部门报告。在当场无法抓获盗贼的情况下，应记住盗贼的特征，包括年龄、性别、身高、胖瘦、相貌、衣着、口音、动作习惯、佩带首饰等，以便向公安保卫部门提供破案线索。

（10）及时挂失，配合调查。如发现存折被盗，应当尽快到银行挂失。知情人员应当积极配合公安保卫部门的调查取证工作。

三、防诈骗

大学诈骗案件是指以大学生为作案目标，以非法占有为目的，用虚构事实或隐瞒真相的方法骗取数额较大财物行为的案件。诈骗案件使得大学生的合法权益受到侵害，身心受到打击，轻者令学生烦恼或陷入经济困境，影响其正常的学习和生活，无法顺利完成学业；重者则会使有些受害学生自杀轻生或导致连环的治安及刑事案件发生，其危害性极大。

近年来，高校学生被骗事件屡有发生。犯罪分子以低劣的手段行骗大学生却屡屡得手，这与大学生生活阅历、性格特点有很大关系。

（1）有些大学生思想单纯，不加选择地结交朋友。

（2）有些大学生缺乏社会生活经验和辨别能力。

（3）有些大学生疏于防范，感情用事。

（4）有些大学生求人办事，成事心切，从而导致上当受骗。

1. 大学校园常见骗术

（1）假冒身份。诈骗分子往往利用假名片、假身份证与人进行交往，通常采用游击方式流窜作案，财物到手后即逃离。还有人以骗到的钱财、名片、身份证等为资本，再去诈骗他人、重复作案。有的冒充学校工作人员诈骗学生；有的利用手机发短信息中奖诈骗；有的假称自己发生意外，利用同学的同情心理寻机诈骗。

（2）投其所好。一些诈骗分子往往利用被害人急于就业和出国等心理，投其所好、应其所急施展诡计而骗取财物。

（3）失踪战术。一些骗子利用大学生经验少、法律意识差、急于赚钱补贴生活的心理，常以公司名义、真实的身份让学生为其推销产品，事后却不兑现酬金而使学生上当受骗。

（4）设置诱饵。有的骗子利用大学生贪图便宜的心理，以高利集资为诱饵，使部分学生上当受骗。个别学生常以“急于用钱”为借口向其他同学借钱，然后却挥霍一空，等同学来要债再向其他同学借款补洞，拖到毕业一走了之。

（5）借推销产品行骗。一些骗子利用学生识货经验少又追求物美价廉的特点，上门推销各种产品而使师生上当受骗。更有一些到学生宿舍推销产品的人，一发现室内无人，就会顺手牵羊。

（6）设置招聘陷阱。诈骗分子往往利用这一机会，用招聘的名义对一些学生设置骗局，骗取介绍费、押金、报名费等。

（7）骗取信任，寻机作案。诈骗分子常利用一切机会与大学生拉关系、套近乎，或表现出相见恨晚而故作热情，或表现得十分感慨以朋友相称，骗取信任后寻机作案。如通过上网聊天交友，取得信任后，编造谎言进行诈骗；以恋爱为名进行诈骗；冒充学生家长找人，骗取信任。

2. 大学生必须加强对诈骗的防范意识

（1）善于识破诈骗分子身份和手段。诈骗分子常常以亲戚、老乡的身份出现，遇到这种情况不要盲目相信，要仔细观察，从言语中找到破绽。

（2）切忌贪小便宜，防止被犯罪分子利用。对意外飞来的“横财”、“好运”，特别是陌生人的利益，一定要克服占小便宜的心理，保障自己的财产安全。

（3）遇到事情不感情用事，善于识别利用人的善良心理进行诈骗的诈骗分子。社会上的有些骗子，常常会雇佣一些老人、小孩，编出种种凄惨故事，来博取善良人的同情心进行诈骗，对此要小心识别。

（4）个人信息勿外泄。对陌生人要保守个人信息，防止信息诈骗。随着高科技的发展，诈骗分子的手法也越来越高明，一定要加强个人信息的保密，不要对陌生人透露你的信息，诈骗分子可能会利用你的信息进行诈骗。

（5）防止短信骗钱，不要轻信虚假信息。手机短信的流行也为诈骗分子作案提供了一定的便利，诈骗分子利用人们的贪利心理进行欺骗，大学生对这方面一定要加强警惕性，不要轻易相信，必须通过相关途径进行核实。

3. 大学新生防骗知识

（1）火车站防骗知识：火车站是人群集散地，往往人多且乱，不但要防偷，还要防骗。大学一般会在火车站安排接待站迎接新同学，下了火车，不要理会私下单独找你搭腔的人，直接找学校迎新接待站的工作人员。

（2）学校迎新接待站：到迎新接待站时可能会有热心的工作人员帮你提行李，但是你自己也要提高警惕，以免行李被别有用心的人趁机拿走。

（3）到学校后，先到院系迎新点登记，安排了住宿，把行李放好了，随身带上贵重物品，然后再出去。

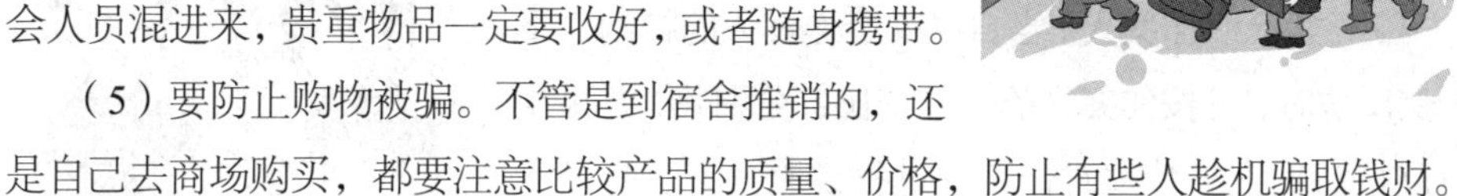

（4）财物一定要保管好。钱一定要存到银行里，迎新时人来人往，不但有学生、家长，可能还会有社会人员混进来，贵重物品一定要收好，或者随身携带。

（5）要防止购物被骗。不管是到宿舍推销的，还是自己去商场购买，都要注意比较产品的质量、价格，防止有些人趁机骗取钱财。

四、防抢劫、敲诈

抢劫和敲诈是指犯罪分子以暴力、胁迫或其他方法强行抢走财物的行为，危害性极大，严重危害大学生身心健康和人身安全。抢劫和敲诈多发生在校园比较偏僻、阴暗、人少的地带，主要对象是那些携带贵重物品的、晚归无伴的和谈恋爱滞留于无人地带的大学生，犯罪分子的作案手段主要有团伙犯罪、驾车作案、跟踪作案等手法。

1. 大学生加强防抢劫、防敲诈措施

（1）增强自我防范意识，不外露或向人炫耀随身携带的贵重物品，外出时不要携带过多的现金和贵重物品，如果必须携带贵重物品，应请同学结伴而行。

（2）不要独自在偏僻、阴暗、行人稀少的地方行走或逗留，这些地方都是抢劫、敲诈的多发地点，尽量不要在深夜独自外出，必须外出时要结伴而行。

（3）外出发现有人跟踪时，要向有人、有灯光的地方走，可以大胆多看对方几眼或大叫熟人的名字，让犯罪分子有所顾虑。

（4）晚上尽量不要出入歌厅、酒吧等娱乐场所，避免成为犯罪分子的目标。歌厅、酒吧等场所也是犯罪分子常出没的地方，在这些地方出现容易成为犯罪分子“踩点”跟踪的目标。

（5）不要沉迷于网络。过于沉迷于网络，不仅会在网络上泄露你的个人信息，而且还容易被网络诈骗分子注意，对你的人身财产安全不利。

2. 大学生应对遭抢劫、敲诈时的策略

（1）案发时要尽力反抗。只要具备反抗的能力或时机有利，就应发动进攻，制服或使作案人丧失继续作案的心理和能力。

（2）善于与作案人纠缠。可利用有利地形和身边的砖头、木棒等足以自卫的武器与作案人形成僵持局面，使作案人短时间内无法近身，以便引来援助者并对作案人造成心理上的压力。

（3）实在无法与作案人抗衡时，可以看准时机向有人、有灯光的地方或宿舍区奔跑，便于寻求他人的帮助或者给作案人造成心理压力。

（4）巧妙麻痹作案人。当自己处于作案人的控制之下而无法反抗时，可按作案人的需求交出部分财物，并采用语言反抗法理直气壮地对作案人进行说服教育、晓以利害，从而造成作案人心理上的恐慌。

（5）采用间接反抗法，是指趁其不注意时在作案人身上留下记号，如在其衣服上擦点泥土、血迹，在其口袋中装点有标记的小物件，在作案人得逞后悄悄尾随其后注意其逃跑去向等。

（6）注意观察作案人，尽量准确记下其特征，如身高、年龄、体态、发型、衣着、胡须、语言、行为等特征。

（7）及时报案。作案人得逞以后，很有可能继续寻找下一个抢劫目标，能及时报案和准确描述作案人特征，有利于有关部门及时组织力量布控、抓获作案人。

（8）无论在什么情况下，遇到抢劫时只要有可能就要大声呼救，或故意高声与作案人说话。

五、防丢失财物

许多大学生都有丢失财物的经历，从手机、MP3 到笔记本、自行车，大学生丢失财物的现象屡见不鲜。财物丢失的主要原因一方面是大学生疏于对自己财产的防护，缺少对自己财产的保护意识，另一方面是大学校园盗窃事件的发生。保证财产安全、防止财物丢失主要措施有下列几个方面。

（1）大学生加强防护意识，改变自己丢三落四的毛病。

对自己的财产物品多加留心，平时要多强调保管好财产的重要性，同学之间要相互关心、相互帮助，发现异常情况，要及时向有关部门报告。

（2）不粗心大意，不轻信他人，不给偷窃者以可乘之机。

使用信用卡时要保管好自己的密码，不要选择生日、学生证号、电话号码作为密码，不要在公共场合为手机等贵重物品充电，不随便把贵重物品放在课桌、食堂等人多的地方。

（3）对形迹可疑的人保持警惕。

对形迹可疑的人保持警惕。如果在楼道内发现有东张西望的人，应及时向值班员报告。做到换人换锁，并且不把钥匙借给他人，防止钥匙失控，宿舍被盗；不能留宿他人，不能违反学校规定，更不能丧失警惕，引狼入室。对无故闯入宿舍或上门推销物品的陌生人要提高警惕，认真询问。

（4）不要将自己的有价证卡随意转借他人。

妥善保管好现金、存折、汇款单等，现金最好的保管办法是存入银行，千万不要在宿舍和身上保留大量的现金。不要将有价证件转借他人，尤其是陌生人，防止银行卡、存折被盗后被冒领。有效证件最好放在自己贴身的衣袋里，参加体育活动必须脱衣时，要将衣服放到安全的地方。

（5）外出时要注意防扒。

扒手往往会选择最拥挤的时候动手，上下班、节假日等人流高峰时段都是危险时段，因此在这个时段坐车时要特别注意防窃。公交车靠站、等车人一哄而上时要特别注意保护好个人物品，切不要为了挤车抢座位而因小失大。一些过于随意的习惯要改正，不要随身携带过于贵重的财物，不要把手机、钱包、现金等贵重物品随意放在口袋里，不要拿出钱包暴露里面的现金，不要把背包冲向外部等。扒手一般具有如下特征。

① 大多穿的较少，喜欢随身携带书、报纸、杂志和小型手包等，用以掩护作案。

② 眼神与平常旅客不同，站在站点上喜欢东张西望，重点是看旅客的行李和钱物。

③ 喜欢在车厢内频繁走动，不常坐在固定的座位上。

第二节　学会处理突发事件

高校各类突发事件时有发生，并有逐渐增加的趋势，造成了许多不必要的伤亡和损失。因此，高校制定有效预案，加强对突发事件的防范很有必要。作为大学生应提高应对突发事件的能力，知晓各种应急预案，便于在灾害发生时，及时脱险，保护好自己，减少不必要的损失。

一、熟悉各种预案

面对日益增多的各种安全隐患正一步步接近校园，大学生的安全受到了一定的威胁，但是这些安全隐患又是暂时无法避免的，我们的社会、校园都可能在一定时期内继续受到这些因素的困扰，我们所能做的就是构建各种预案，尽可能地维护大学生的身心健康，减少灾害事故造成的损失。大学生必须学习和掌握这些预案，以便在灾害事故发生时可以保护好自己，安全脱险。

1. 常见安全预案及其内容

高校构建的突发危机事件应急预案知识体系，必须涵盖公共卫生、环境污染、安全等多个领域。常见安全预案主要包括以下主要内容：

（1）火灾应急预案；

（2）集体食品中毒应急预案；

（3）校外意外事故应急预案；

（4）校园网络安全应急预案；

（5）校园踩踏事故应急预案；

（6）突发公共卫生事件应急预案；

（7）校园绑架、杀害事故应急预案；

（8）防洪、防地震等自然灾害应急预案；

（9）教学建筑坍塌事故应急处理预案；

（10）群集性事件应急预案；

（11）反恐、防空袭应急预案；

（12）安全用电预案。

大学生要学会制定简单的安全预案，需了解应急预案所包含的以下几个方面。

（1）确定预案所针对问题及等级。

（2）确定目标、任务。包括总目标、细分目标及其领域、关键目标及领域、可供选择的多种目标方案。

（3）方案执行。制定实现目标的一系列行动及纪律和法令以确保目标的实施。明确行动任务分配、职责、性质与范围，明确执行计划的具体方法或方法体系。

（4）建立应急预算。明确该等级事件处理工作内容及人员分配与调动，事件处理特别是现场可动用物资装备，每一项行动所需时间及完成目标所需时间总量。

2. 学习所在地区、学校安全预案涉及的相关方案和规定

（1）熟悉对本地区可能发生灾害的灾情预测，做好心理准备。

（2）了解各类救灾队伍的数量、分析、配置和调用方案，平时自己做好相应的准备。

（3）知道灾害信息网络的启用，灾情监测与播报，以便最快获取信息。

（4）了解紧急救灾指挥系统的机构设置、职能、运作方式、具体责任人以及与其他部门及官员的联络方式，以便及时报警或求助。

（5）紧急通信系统的启用，各类通信设施在紧急情况下的统筹分工，灾区通信的恢复。

（6）交通运输设施及能力恢复，救灾物资的运输方案，紧急情况下的交通工具征用和管制。

（7）对于危险物品的处理和防护。

（8）物资的储藏和紧急调用。

（9）灾民的抢救、疏散、转移和安置大体位置。

（10）医疗卫生队伍的调动和任务，抢救危重伤病员。

（11）灾后的消毒工作，防疫工作的具体措施。

（12）紧急治安管制的措施及实施办法，灾后治安的管理，重要场所的安全保卫。

3. 安全预案演练的几项要求

安全预案突出的是实用性，是不可缺少的应急措施，是实战的练兵场，是增加保险系数。为此，我们切不可将其当成花瓶摆，弃之不管不看。安全预案是基础，是杜绝事故的前提，是预防事故的法宝，必须为大多数人所掌握；深入开展安全预案演练活动，是提高学生应对突发公共事件能力的有效手段，是锻炼广大学生提高安全意识、有效避险、最大限度地减小遭受事故伤害的有效平台。但是，要充分发挥安全预案的作用，必须突出预案演练的“三要”。

（1）要突出预案演练的全面性。开展安全预案演练，不是一个单位、一个部门或少数人的事，开展演练活动要全面覆盖，在广泛的演练活动中，明确各自在突发安全

事件中应履行的义务和承担的职责。

（2）要突出预案演练的规范性。开展安全预案演练要有计划、有准备，要针对不同的危险、不同的岗位人员、不同的环境进行演练。对已经制定的各类预案要有计划地分步演练，做到组织严密、依纲施练。既要防止“简单化、走过场”的现象，也要防止长期演练少数几个科目、以点代面的做法。

（3）要突出预案演练的不间断性。安全预案演练不是一个阶段性的工作，更不可能依靠一两次的演练活动就解决所有安全问题。安全预案演练只有持续地、不间断地开展下去，才能锻炼学生熟练掌握应对突发事件的技巧，养成临危不惧、应对自如的心理素质。

4. 我国突发公共事件预案相关内容

全国总体预案是应急预案体系的总纲，明确了各类突发公共事件分级分类和预案框架体系，规定了国务院应对特别重大突发公共事件的组织体系、工作机制等内容，是指导预防和处置各类突发公共事件的规范性文件。

全国总体预案中所称突发公共事件是指突然发生，造成或者可能造成重大人员伤亡、财产损失、生态环境破坏和严重社会危害，危及公共安全的紧急事件。

（1）突发公共事件的分类。根据突发公共事件的发生过程、性质和机理，突发公共事件主要分为以下 4 类。

① 自然灾害。主要包括水旱灾害、气象灾害、地震灾害、地质灾害、海洋灾害、生物灾害和森林草原火灾等。

② 事故灾难。主要包括工矿商贸等企业的各类安全事故、交通运输事故、公共设施和设备事故，环境污染和生态破坏事件等。

③ 公共卫生事件。主要包括传染病疫情、群体性不明原因疾病、食品安全和职业危害，动物疫情，以及其他严重影响公众健康和生命安全的事件。

④ 社会安全事件。主要包括恐怖袭击事件，经济安全事件和涉外突发事件等。

（2）全国突发公共事件应急预案体系。全国突发公共事件应急预案体系包括以下 5 个方面。

① 突发公共事件总体应急预案。总体应急预案是全国应急预案体系的总纲，是国务院应对特别重大突发公共事件的规范性文件。

② 突发公共事件专项应急预案。专项应急预案主要是国务院及其有关部门为应对某一类型或某几种类型突发公共事件而制定的应急预案。

③ 突发公共事件部门应急预案。部门应急预案是国务院有关部门根据总体应急预案、专项应急预案和部门职责为应对突发公共事件制定的预案。

④ 突发公共事件地方应急预案。具体包括：省级人民政府的突发公共事件总体应急预案、专项应急预案和部门应急预案；各市（地）、县（市）人民政府及其基层政权组织的突发公共事件应急预案。上述预案在省级人民政府的领导下，按照分类管理、分级负责的原则，由地方人民政府及其有关部门分别制定。

⑤ 企事业单位根据有关法律法规制定的应急预案。

二、积极应对突发公共事件

所谓突发公共事件，是指突然发生并可能迅速演变或激化为较大规模和影响并将危及社会安定的事件。突发公共事件主要分为自然灾害、事故灾难、公共卫生事件、社会安全事件等 4 类；按照其性质、严重程度、可控性和影响范围等因素一般划分为 4 级：Ⅰ级（特别严重）、Ⅱ级（严重）、Ⅲ级（较重）和Ⅳ级（一般），依次用红色、橙色、黄色和蓝色表示。图 8-1 所示为暴雨预警标志。

图 8-1　暴雨预警标志

1. 高校突发事件发生的原因

高校也是突发事件容易发生的重要场所之一，发生的原因多种多样，但仔细分析，突发性事件发生的潜在因素或深层次原因具有一定的共性，可以概括地归纳为学校、学生两个方面。

（1）学校方面。

首先，随着我国高等教育的普及，各高校在校生人数快速增长，人员密集易引发突发事件。

其次，学校管理中存在薄弱环节，预防突发事件的机制有待进一步完善，学校的专业人员配备和所投入财力、物力还有所欠缺。

（2）学生方面。

一方面，大学生是学校的主要群体，他们年轻，涉世不深，判断是非的能力整体较弱，思考方法容易片面，情绪容易偏激，行为容易冲动且不计后果。因此，高校学生为主体的突发事件具有起因合理、做法不当的特点。如果不能及时发现、引导和处置，就有可能演化为影响较大的事件。另一方面，部分大学生纪律观念不强，加上平时参加演练不够，遇事容易产生慌乱等，使得突发事件不易解决。

2. 高校可以从以下几个方面来加强应对突发事件的能力

（1）加强高校辅导员队伍建设，建立一支高效的基层应急管理队伍，关键时刻给学生正确及时的指令，靠凝聚力统一学生意志和行动。

（2）加强大学生应对突发事件的教育和训练，大力普及安全减灾应急知识，以备灾害来临时，保持冷静，正确应对。

（3）设立职责明确的应急管理机构，提高突发公共事件应急水平，以备意外出现时，有统一的指挥体系，发挥集体的力量和智慧。

（4）要提高大学生对突发事件的应对意识，加强对大学生的安全意识教育。

（5）把学校防范教育引向深入，开设课程和编写教材，建立防范教育持续发展的机制。

3. 大学生主要从以下几个方面应对突发事件

（1）认真学习有关应对突发事件的应急措施，熟悉相关知识和程序。

（2）积极参加学校、社会组织的突发事件应急演练，熟知各种场所逃生通道和逃生方法。

（3）常备小药箱，在突发灾害事件发生时，可以及时地进行简单救助。

（4）在突发灾害事故发生时，要听从相关人员的指挥，切忌混乱。

（5）自己未受伤的情况下，要科学地对被困人员实施救助，设法帮助他人脱险。

思考题

1. 大学生在遇到危险时，如何采取应急措施来保护自己的人身与财产安全？
2. 谈谈大学生遇到突发事件时，应该如何处理。

第9章

安全隐患的应对措施

Chapter 9

大学生在日常的校园生活和社会生活中可能会遇到一些安全隐患，只有采取正确的应对措施才能更好地解决危机。我们要养成良好的自觉遵纪守法意识，防止危害社会安全隐患的发生，弘扬社会公德。

第一节　学会处理常见的安全隐患

一些大学生虽然文化水平较高，但因他们踏入社会较晚，社会经验不足，缺乏安全防范意识，法制观念意识淡薄，从而导致一些案件的发生。因此，展示出典型的案例，使大学生树立安全防范意识和养成良好的自觉遵纪守法意识，对当今大学生完成学业是非常重要的。

一、常见大学生警示安全案例

1. 违纪违法典型案例

（1）某大学发生一起群殴案件，相互撕打过程中，一名男同学的头部被打伤。事情发生后，该男同学为查证是何人打伤自己，将一名当时在现场的同学强行带回寝室，对其拳打脚踢，并以要在其头部制造同样的伤口相威胁，要其说出谁将自己打伤。在寝室内刑讯逼供两个多小时，后因学校保卫部门及时赶到才制止了一场恶性事件发生。

（2）2005 年 9 月下旬，浙江温州警方宣布，备受社会各界关注的“7.28”跨省抢劫杀人案告破。令人震惊的是，犯罪嫌疑人罗某和卓某，竟是从长沙岳麓山下某知名高校走出来的“天之骄子”。而他们作案的动机，则是为了获取创业的“第一桶金”，早日实现当老板的梦想。警方同时查明，他们此前还在深圳劫杀了一名出租车司机。

2. 知法用法典型案例

某高校学生宿舍年久失修，屋面防水破损，经常漏雨，维修不及时，部分墙皮脱落，同学意见很大。后来学生干部和辅导员一起向学校领导反映情况，学校立即采取措施进行维修。同时，对失职的工作人员进行严肃批评，使问题得到圆满的解决。

3. 自然灾害典型案例

（1）2007 年 1 月某天下午 3 时，当时天空行雷闪电，就读某大学的 23 岁女学生蔡某，下课后徒步返回宿舍，与两个朋友共享一把雨伞挡雨，此时其手机响起，她拿起手机接听时竟被雷电劈个正着，她们 3 人均扑倒地上，蔡某的胸部被严重烧伤，送往医院后不久证实伤重不治。

（2）2008 年 1 月 26 日开始，第三次大范围持续雨雪天气再次袭击我国南方。此次雪灾是我国 50 年以来最严重的。雪灾来时正是春节前夕，京广、沪昆铁路因断电运输受阻，京珠高速公路等“五纵七横”干线近 2 万公里瘫痪，22 万公里普通公路交通受阻，14 个民航机场被迫关闭，大批航班取消或延误，造成几百万返乡旅客滞留车站、机场和铁路、公路沿线。因灾直接经济损失 1 516.5 亿元。

4. 心理安全典型案例

小林以当地第一名的成绩考入北京某重点高校，第一学期期末，本来踌躇满志准备获取奖学金的她未能如愿。她的情绪从此一落千丈，变得郁郁寡欢，无心学习，无法处理好与同学的人际关系，还整夜失眠。最后不得不去医院精神科检查，结果诊断她是患了抑郁症。

5. 财产安全之诈骗典型案例

（1）2003 年 3 月，一男同学王某报案称：在校门附近遇到两个年龄在 20 岁左右的女子，她们主动与王某搭话，自称是某大学的学生，因为与家里发生矛盾而出走，钱已经用完，得到王某的同情后，便向王某借 IC 卡假意往家里打电话，并让王某接听，对方证实了该情况，得到王某信任后，以吃住急需用钱为由，向王某借钱或储蓄卡，称家里会将钱汇还到卡上，并给王某留下一个假电话，从而骗得王某人民币 1 000 元。当第二天王某用留的电话与其联系时，方知受骗。接到报案后，保卫部门立即布控，几日后将欲再次作案的上述诈骗团伙的成员抓获。

（2）某校学生宿舍住有 6 个刚入学的学生，6 个人在互作自我介绍之后将各自姓名、籍贯都张贴在门上，不想却引发一桩“同乡诈骗案”。一天中午，一个 20 来岁的人前来，直呼室内一个山东籍学生陈某的名字，自称是本校三年级同专业的学生，也是山东人氏，陈某以为异地遇见老乡，十分高兴，同室其他人也为之庆幸。略事寒暄，来人提出因住院需借一点钱，并说“在家靠父母，出外靠朋友”。陈某一听慷慨应诺、随即掏出 200 元。该人激动地表示“真是人不亲土亲，如不嫌弃愿交个朋友”，说罢，立下借据。事后，陈某找遍校园，也找不到这个“老乡”。一年后那个主动上门认老乡的家伙被公安机关抓获后，陈某才知道这位“老乡”是个专门诈骗的流窜分子。

6. 财产安全之盗窃典型案例

（1）2003 年 1 月至 3 月，某高校保卫处陆续接到同学手机在寝室内被盗的报案 10 余起。保卫部门经过布控和蹲守，终于将正在实施盗窃的嫌疑人于某抓获。经审讯，于某交代其均是利用早晨 6 至 7 点钟这个时间段溜入学生宿舍，看谁有人去洗漱、其他人正在睡觉而门未锁的时机溜门入室，将放在明处的手机迅速盗走，作案屡屡得手。

（2）2002 年 4 月，某高校保卫处通过调查，将盗取同学存折后取走现金的关某抓获。在审讯时，关某还交代了曾五次到附近寝室“串门”，趁门未锁而室内无人之机，共盗走手机两部、现金 1 300 元、随身听一部的犯罪事实。另外，关某还交代了一次在寝室正欲实施盗窃时，该寝室回来人而盗窃未遂，便借口“串门”稍作交谈后溜走。

7. 财产安全之抢劫典型案例

1999年6月份，某大学连续发生几起抢劫案，被抢的均是正在谈恋爱的男女同学，地点都是在该校附近的树林里、运动场等一些偏僻的地方，一时搞得学生人心惶惶。学校领导和保卫处非常重视，保卫处的同志们白天调查走访，晚上蹲坑守候。有一天突然得到一条重要线索，有个同学反映：同学杜某这几天非常害怕，说有人要抢他，结果打了起来，他可能把这个人给打坏了。保卫处立即找来杜某了解情况。杜某反映5月初的一天晚上十二点多钟，他和女友在运动场散步，突然从对面跑来一个男子，叫他们把钱拿出来，杜某体质较好，也很勇敢，两人撕打起来，最后杜某将其打倒并摔在地上的石头上，对方头部出血，该男子受伤后逃跑。杜某见把别人打伤，害怕地跑回寝室，而没敢报案。保卫处根据杜某提供的线索，经过大量的调查、走访，将以李某为首的抢劫团伙共4人全部抓获。

8. 人际交往安全典型案例

某高校学生王某家庭经济富裕，在学生中间很有优越感，平时对辅导员或班级干部的要求一向置若罔闻。有一天，下课后他故意从写有“禁止穿越草坪”处穿过。校园管理人员上前阻止，他不但不听从劝阻，反而殴打管理人员，致使该管理人员左眼失明。王某因此被公安机关刑事拘留。

9. 恋爱隐患典型案例

某高校学生江某下课后与女朋友一起回寝室，迎面走过来的同专业男同学刘某看了女朋友一眼，江某大为不快，与刘某发生口角，进而殴打在一起。在两人撕打过程中，江某觉得没占到便宜，在女朋友面前很没有面子，后又回寝室拿来一把水果刀，将刘某刺伤，造成重伤害。江某被公安机关刑事拘留，同时被学校开除学籍。

10. 性侵害典型案例

某大学一位女学生，在校外餐馆见到一个体商贩，该人穿着入时，花钱阔绰，外貌不俗，几句对话，便交上了朋友。从此课余经常约会，逛商场，去歌厅，该商贩为女生买过许多衣服、首饰等。一次外出郊游，该商贩将女生领到僻静处，在女生毫无思想准备的情况下，使用暴力将其强奸。

11. 诱惑典型案例

某校同寝室4名学生，入学时学习成绩名列前茅。后来受到社会上赌博风气的影响，打麻将赌博逐渐上瘾，经常围坐在一起赌博至凌晨两、三点钟，有时兴起时还通宵达旦。平时作业不做，更无心钻研。上课时间到了，他们还来不及洗漱，空着肚子，慌慌张张、恍恍惚惚进教室，在课堂上打瞌睡，鼾声大作，教室一片哗然。时间一长，

4个人学习成绩全面下降，考试不及格，同时留级。

12. 珍爱生命典型案例

2000年某高校的应届毕业生在离校前酒后与其女友发生口角，该生用随身携带的水果刀猛刺自己十余刀倒在马路上，待其女友发现时他已气绝身亡。

13. 网络安全典型案例

2007年9月24日15时，王某在新华南路一网吧进入一个网站时，被告知中了10万元大奖。随后，这个网站告诉她，要领这笔大奖，需要先支付650元的手续费。此时，王某已经被喜悦冲昏了头脑，她不假思索便将650元打入对方指定的账户。当王某再次询问领奖事宜时，对方再次让其打入手续费，王某才发觉上当。

14. 留学安全典型案例

2002年6月是悉尼新南威尔士大学的考试季，攻读会计硕士学位的中国学生穆某压力很大。为不辜负父母的期望，早日取得学位，他日日废寝忘食努力学习。一天早上，穆某的室友发现他不在房间，以为他早早地出门学习，结果却在浴室发现了室友——他倒在地上，已经停止了呼吸。法医初步鉴定，是由于学习压力过大，疲劳过度，穆某沐浴时摔倒窒息而亡。

15. 就业安全典型案例

2002年3月某高校5名同学同时到保卫处报案。他们都是大四的学生，前两日，他们中的李某在校门外遇到一男子，向他询问找工作的情况，并自称是某省建设银行的，今年想在该校通过暗访招5名优秀大学毕业生。通过交谈，该男子说觉得李某不错，让他再找几个素质好的毕业生，一起到其住的宾馆面试，合格后就往学校发函，再签协议书。李某回校后，就找到了4名比较要好的同学到某宾馆“面试”。该男子和另一个自称是人事处长的男子说5个人都不错，同意录用，让他们每人先交1 000元的“保证金”后回去等通知，他们和学校联系后就签协议，并给李某等5人留了名片。过了两天，李某等人按那两名男子留的名片上的联系方式打电话，准备向这两人询问事情进展的情况时，固定电话说打错了，手机均关机，遂报案。

16. 交通安全典型案例

2000年5月，某高校两位男同学在操场踢完足球后，在回寝室的路上还余兴未尽，在路上相互边跑边传球，此时身后正好驶来一辆两轮摩托车，驾驶员躲闪不及撞上了其中的一位，驾驶员方向把握不稳，那位学生被撞成右小腿骨折。

17. 防火安全典型案例

1995年9月15日20时55分左右，某大学保卫处值班员接到学生公寓8号楼失火的报警电话，保卫处两名值班干部和20余名保安员及时赶到火场。当时，火势很大，楼道内烟雾弥漫。在向119报警的同时，保卫干部、保安员会同部分学生积极展开自救。21时10分左右，消防车赶到现场，大火于22时被扑灭。此次火灾，将室内衣服、书籍、电器、被褥和门窗、桌椅等全部烧毁，直接损失2.5万元。经消防监督部门勘查认定：此次火灾是国际经济法系93级学生林某使用充电器，离开时将充电器搁置于床上继续通电，充电器因工作时间过长发热造成充电器短路引燃被褥，又由于当时学生都在教室上晚自习，未能被及时发现而酿成大火。

18. 非法传销典型案例

张某是某高校美术专业的毕业生。一天，张某接到朋友周某从广州打来电话，希望他来公司工作。张某来到广州后，周某让他签订了一份合同书，并让他要交押金3 000元，并承诺如辞职离开公司，押金随时如数退还。张某认为周某与自己是朋友，又有合同和承诺，便拿出3 000元交了押金。当天下午，周某就带3人开始岗前“培训”，主要是讲怎样赚钱，怎样暴富，和赚钱要不择手段以及“发展下线，金字塔”理论等。经过几天“培训”、“洗脑”后，公司让他“上班”，就是打电话，动员蒙骗认识的、想找工作的人来工作。

二、定期研讨互相学习

对安全知识的掌握和学习，很重要的一条途径就是大家要定期交流、互相学习，交流的过程既是学习安全知识的过程，也是通过交流开展安全隐患自查、互查，敲响警钟，排除危险的过程。

学校要进一步完善安全治理机构和建立学习研讨机制，人事变动后要及时调整安全生产领导小组成员，成立安全生产检查小组和宣传学习小组，为贯彻落实安全工作提供保障。要建立针对学校、学院、班级、个体“四位一体”的安全保障体系，就安全防控体制运行、演练计划、实际效果、检查排查、知识普及等各方面逐一进行讨论，查找不足，积极改进。

学生班级要组织学习小组，定期组织开展班级、宿舍安全隐患大讨论，进行自我检查，互相监督，互相提醒，互相帮助。

学生集体要结合典型案例，开展学习，吸取教训，增长经验，减少人身安全出现意外的概率。

学校要利用晚会、讲座、座谈会、主题班会、安全图片展、汇报会等多种形式，积极引导师生进行安全知识学习。

第二节 遇到危险及时报警

近年来，影响大学校园安全的不安全因素不断增加，日益威胁到大学生的日常生活安全，所以作为大学生必须了解掌握各种遇险处理知识，才能在危险发生时及时脱离危险，保障自身安全。身处险境时大学生首先要想到如何脱险，要保持冷静，切不可惊慌，然后利用自己的智慧与罪犯周旋，寻找合适的机会脱险。大学生要保证自己的安全还应知道在遇到危险时如何向他人求助。必须知道遇到危险时，第一求助方式就是报警。因为报警是脱离危险的最便捷也是最有效的途径。发现刑事、治安案件以及危及公共安全、人身安全、社会秩序、校园生活的案件时，及时报警是每一个大学生的义务与责任。

一、报警须知

对于大部分大学生来说，意外伤害事故是不能依靠自己避免的，这时候大学生应该通过向周围人求助来及时脱险，而在这些求助中最有效的方法就是报警，通过报警及时地寻求专业人员的救助，可以更快更及时地脱险。作为当代大学生应该掌握一定的报警知识，这样可以帮助大学生在遇险时更好地保护自己。

1. 熟知报警电话

大学生要知道发现斗殴、抢劫、杀人、绑架等案件时，首先要拨打110进行报警；如果发现有人受伤或者生命垂危时，要及时拨打120进行救助；发现火灾或者其他灾害事故以及抢险救援时要及时拨打119；发现交通事故时要及时拨打122报警，有人员伤亡时还应拨打120，及时挽救伤者生命。

2. 拨打报警电话时的注意事项

（1）各种报警电话，包括110、120、122、119等都是免费电话，可以用公用电话进行拨打，也可以用手机、固定电话直接拨打。

（2）拨打报警电话时，要注意把现场情况尽量描绘清楚，事故地点、时间以及受伤人员数量、受伤情况、现场状况、电话号码以及附近有无明显标志都是必须讲明的。

（3）报警后，要保护好现场，不要破坏现场，便于专业人员到场后取证，有利于案件的破获工作顺利进行，需要变动时，事前详细记明现场原貌，便于到时候向公安机关说明。在报警后要做好迎候指引工作，当然这一切是以保护好自身安全为基础的。

（4）报警人应留下自己的姓名、联系方式，便于警方或者救援人员及时进行救助，小事不扰警，自己可以解决的问题，不要随意拨打各种报警电话，干扰相关人员正常工作。

3. 拨打110电话常识

（1）拨通电话“110”（免费电话），请确认：“请问是110吗？”确认自己没有打错电话后，再说清楚案发或求助的确切地址（某城区某大街某单位某楼多少号或案发地周围标记性建筑）。

（2）简要说明情况。如果是发生了案件，要说清歹徒的人数、特征，携带的凶器，乘坐的交通工具；如果是求助，请说清楚求助的原因。

说清自己的名字和联系电话，以便公安机关与你保持联系。

如果歹徒正在行凶，在拨打110报警电话时要注意隐蔽，不要让歹徒发现。

4. 110报警服务台受理投诉的范围

公安机关及其人民警察正在发生的违反《中华人民共和国人民警察法》、《公安机关督察条例》、“五条禁令”等法律、法规和人民警察各项纪律规定，违法行使职权，不履行法定职责，不遵守各项执法、服务、组织、管理制度和职业道德的各种行为。

5. 110接警相关知识

（1）110受理求助的范围。

- 发生溺水、坠楼、自杀等状况，需要公安机关紧急救助的。
- 需要公安机关在一定范围内帮助查找的老人、儿童以及智障人员、精神疾病患者等走失人员。
- 公众遇到危难，处于孤立无援状况，需要立即救助的。
- 涉及水、电、气、热等公共设施出现险情，威胁公共安全，人身或者财产安全和工作、学习、生活秩序，需要公安机关先期紧急处置的。
- 需要公安机关处理的其他紧急求助事项。

（2）110报警服务台受理报警的范围。

- 刑事案件。
- 治安案（事）件。
- 危及人身、财产安全或者社会治安秩序的群体性事件。
- 自然灾害、治安灾害事故。
- 其他需要公安机关处置的与违法犯罪有关的报警。

二、遇险保持冷静

一般的人在遇到危险时，都会产生一定的心理反应，如恐惧、焦虑、愤怒、沮丧、孤独或者无聊，这些情绪的产生不利于在危险环境中的安全保障，不仅无法摆脱危险还增加了受到危险侵害的可能性，所以在遇到危险环境时，首先要做的就是保持冷静，用清醒的头脑寻找脱险的方法。随着大学环境的不断变化，不安因素的不断增加，一方面大学生所处的安全环境受到严重挑战，另一方面大学生的心理问题也开始不断凸显，大学生面临着空前严峻的安全挑战。大学生在遇到危险时首先应该而且必须保持冷静，只有有冷静的头脑才会有清晰的思维，充分发挥智力因素，及时帮助自己或者他人脱离危险。大学生锻炼自己保持冷静的方法主要有以下几个方面。

（1）时刻关注事物的发展变化，做好事故应急的思想准备。大学生要对自然界与社会发展变化保持高度的关注，并经常关注身边 人和事的变化，对意外事故变化的发生抱有警戒的态度，锻炼自己时刻保持冷静。

（2）保持冷静才能把消极的紧张变为积极的紧张。人不能完全避免紧张，那么就要学会把消极的紧张变为积极的紧张。大学生在平时就要养成这种习惯，这不仅可以使大学生在应对安全事件时保持冷静，也对大学生在应试、求职时有所帮助，消除不安，及时调整自己，应对各种不安环境。

（3）大学生在平时要善于搞清楚哪些情况带给你不安、紧张，让你无法保持冷静，然后针对自己的紧张寻找必要的预防紧张的措施，这样可以在以后发生紧张时及时地采取措施，避免因紧张带来的不利因素，平时加强这方面的锻炼，遇到危险时就可以灵活应对。

（4）大学生要有平常心，正确对待生活中的事件，以宽大的胸怀包容人和事。每个人的一生都会遇到一些这样那样的事件，这些事件的发生会对人的情绪和健康产生重大影响，甚至可能会影响一个人的一生。但是，同样的事件，由于人们对待问题的态度不同，应急的策略和方法不同，这些不利影响对身心健康的影响就会不同。发生事故时以平常心应对，就不会在事故发生时紧张着急。

（5）大学生在紧张时还可以通过一些特殊行为来改变紧张局面，如缓缓地做一下深呼吸，每次屏住呼吸 3 ~ 4 秒，然后将气息从你的嘴中慢慢呼出。重复这样的过程多次。考虑一些其他的事情，暂时忘记引起你紧张的原因，进而缓解一下你的紧张情绪。这样的行为都可以帮助你保持冷静。

（6）严于律己，避免激动，防止人际关系矛盾的激化。大学生与人相处，要严于律己，宽厚待人，避免造成不必要的矛盾。有了矛盾以后，要主动退让或加以回避，对原则性的矛盾也要讲究方式方法，采取有理、有节的合法途径来解决，不能动辄争闹不休，引发冲突，只有这样才会锻炼自己在事故发生时保持冷静的能力。

第三节　维护社会公德

见义勇为自古以来就是人们赞美的高尚行为和品德，也是我国宪法和法律明确规定的公民义务。但是，由于青少年自身年龄和经历的限制，缺乏与违法犯罪行为作斗争的能力与经验，一味“勇为”，往往会付出沉重的代价。所以在提倡见义勇为的同时更应让青少年学会见义智为。在遇到险情时善于审时度势，分析客观情况，发挥自身的聪明才智，采取合适的方式方法，做出力所能及的恰当行动，既保护自己，又消除危机。

【案例 1】弘扬公德　见义勇为

2005 年 5 月 21 日上午，南京市某职业教育中心刘某等三名同学路经香河农贸市场十字路口时，看见一名男青年拉开一位骑车妇女的背包，进行偷窃。三人见状上前指责，制止其盗窃行为。这时旁边冲出四五个男青年的同伙，用砖头、竹竿等凶器行凶，妄图继续作案。面对危险，刘某等三位同学没有后退，勇敢地与小偷搏斗。歹徒见无法脱身，穷凶极恶拿出匕首，狠狠刺中刘某背部，见其血流如注，歹徒乘机仓皇逃去。在群众的协助下，犯罪嫌疑人很快全部落网。不久后刘某也在医院治疗下康复出院，并和另两位同学一起被授予南京市“弘扬公德好少年”的光荣称号。

一、弘扬见义勇为精神

见义勇为是中华民族的传统美德，《论语·为政》曰：“见义不为，无勇也。”《宋史·欧阳修传》说：“天资刚劲，见义勇为，虽机阱在前，触发之，不顾。”用现代话语来说，见义勇为就是指在人民、社会、国家的利益遭到侵害的时候，为了维护正义，不顾个人安危，英勇斗争的行为。这是一种敢于担当道义责任、一往无前、无所畏惧的道德品质，也是一种正义感、责任感和使命感的体现。

生命都是无价的，生命的价值不是做加减法，见义勇为的壮举是无价的，而且面对危机时刻也容不得我们去权衡价值。更为重要的是，由于群体特殊性反映出大学生的团结协作的集体精神和勇于担当的责任意识，救人的大学生群体，向祖国、向社会证明了“年轻一代不是垮掉的一代”。

当代大学生作为年轻一代，应该重视和加强自身的思想政治教育，树立正确的人生观、价值观，使自己真正成为能够担任重任的一代。我们正面临着人生发展的最为关键的时期。时代要求我们要在学习、生活、工作等各方面全方位面对和思考如何正确处理个体与社会的关系等一系列重大问题。我们要学会生存、学会学习、学会创造、学会奉献，这些都是我们将来面向社会所必须具有的最基本、最重要的品质。其中，最核心的就是要学会如何做人，学会做一个符合国家繁荣富强与社会不断进步发展所需要的人格健全的人；学会做一个能正确处理人与人、人与社会、人与自然关系并使之能协调发展的人；做一个有理想、有道德、有高尚情操的人。一句话，做一个有利于社会、有利于人民、有利于国家的人。这就要求我们每个在校大学生，必须从现在做起，牢固树立正确的人生价值观。

在正确的人生价值观的指导下，面对个人与他人、与集体的利益发生冲突时，我们能够做出正确的选择。当他人的生命受到威胁时，我们应当用我们的智慧和行动见义勇为，发扬英雄精神。

1. 预防方式

（1）参加体育锻炼，强身健体。见义勇为的事件中，往往都有些危险性，这时一个健康充满力量的身体，就显得尤为重要。在很大程度上，它对于保护自己与救助他人都具有决定性的意义。参加体育运动，不仅能强身健体，而且对于自己陶冶情操、磨炼意志、启迪智慧都有着重要作用，有助于全面提高自身素质。

（2）对一些生活安全常识要有了解，如救火时要注意什么，落水者如何救助，一些内外伤如何及时简单处理等。这些知识如果不了解，只凭一腔热血就一味“勇”为，不仅帮助不了他人，有时还会把自己置于险境，造成更大灾难，付出惨痛的代价。

2. 应对方式

（1）在看到有不平事件发生时，见义勇为需要冷静出手，要看清形势，千万不要莽撞，随意出手，造成卷入不良青年的斗殴等严重后果中去。

（2）在见义勇为过程中要注意保护自己。诚然，见义勇为需要“血性”，需要在关键时刻挺身而出。但是，生命是宝贵的，生命对于每一个人只有一次，在见义勇为过程中要注意保护自己。

（3）在见义勇为时，要善于取得帮助，如及时拨打 110、向路人寻求帮助等，切不可单枪匹马逞英雄。

二、见义“智”为是讲策略的见义勇为

弘扬见义勇为精神，并不意味着就可以不讲方式、方法。《论语》中说：“暴虎（赤手搏虎）冯河（徒手过河），死而无悔者，吾不与也。”可见，孔子也不赞成那种没有意义的牺牲。见义勇为也应该讲究策略性，那就是见义智为。见义智为需要人们一方面提高见义勇为时的自我保护能力，另一方面增强自身面对危急情况和险恶局面时的应变能力。

我们不是不提倡见义勇为，只是该教会大学生如何适时适地地去做，但是各种教育和舆论都没有把这个方面着重渲染，我们的导向似乎总是鼓励别人牺牲，好像人的生命只有去牺牲了才有价值，只有牺牲了才算得上是真正的大英雄。要知道在任何情况下，人的生命都是最重要的。这就是在任何时候我们首先要保护自己的人生安全，有些场合要学会舍弃。这并不是贪生怕死，见死不救，而是保护自己。

有专家提出：“在教育青少年有正义感、有见义勇为的精神时，更要教会他们正确掌握处理问题的方式与方法。”见义智为就是指遇到险情时善于动脑筋、想办法，审时度势，分析客观情况，做出力所能及的恰当反应，既消除危险、打击犯罪，又保护自己，不做无谓的牺牲，见义智为就是讲策略的见义勇为。

在与违法犯罪斗争中，要以“智斗”取胜。犯罪分子在实施违法犯罪时，或突然袭击，或依仗人多势众，或手执凶器，或孤注一掷。青少年在斗争中，不要鲁莽行事，而要发挥智慧，用智力斗暴力，使智力起到四两拨千斤的作用。

【案例 2】灵机一动 救人成功

2006 年春节前的一个夜晚，职校生成某乘坐大巴返家。午夜时分，“把灯打开，都不许动。”随着一声大吼，车厢内突然冒出几个彪形大汉，手里拿着明晃晃的大刀。“想活命就把钱交出来！”他们穷凶极恶叫嚷着。车上的乘客被这突如其来的变故吓呆了，一个个“乖乖”地把钱和手机等贵重物品拿了出来。有几个青年稍有犹豫，几个大汉就上去拳打脚踢，直到把人打得不能动弹才收手。

这时成某的脑子也在飞转。“我是个学生，身上也没几个钱，何必出头呢？”但是看到几个返乡青年那极度凄惨的样子，心中真是不忍。那可是他们辛辛苦苦在外打工一年的钱。不行，必须管。但这时站起身来与歹徒搏斗，无异于以卵击石。看来只能以智取胜，他苦苦思索着，突然想到在学习驾驶汽车时，突然踩制动时的情形。对，就这样干。“刚才撞到人了。”驾驶员一听，下意识一脚紧急制动，车子像一头野马突然被勒住一样，轮胎在地上发出“吱”的一声尖叫后，停了下来。车上的歹徒们都

被这巨大的惯性一个个摔倒在地。说时迟，那时快，大巴刚一停住，成某一个飞身鱼跃，飞出了窗外。他从地上一爬起来就往车后跑去，并拿出手机报警。歹徒们一看到这种情况，吓得扔掉手中的东西，蹦下车，像兔子一样逃跑了。成某以自己的智慧救了大家。

见义智为的核心在于讲智慧，智慧是一切"智为"的基础。智慧来源于知识，来源于生活。智慧对见义智为有着至关重要的作用，它往往决定了见义智为的成效，也决定青少年见义勇为与珍爱生命能否实现双赢。青少年要具备见义智为的智慧，必须认真学习科学文化知识，积累生活经验，从中获得灵感。出现需要见义智为的时刻，救助者的智慧定会迸发出美丽的火花，创造"自身无损斗凶险，见义智为夺胜利"的奇迹。

见义智为应讲究有效的方法和途径，主要体现在以下几个方面。

（1）沉着应对。面对犯罪分子实施犯罪行为，要正气凛然，沉着冷静，不要自己先乱了方寸。若自己头脑乱了，就想不出与犯罪分子斗争的好方法。

（2）不要硬拼。青少年学生年幼体弱，体力一般不如犯罪分子，硬拼会对身体甚至会对生命造成伤害。

（3）曾经我们的社会提倡和鼓励舍己救人的行为。但是，过高的道德标杆本身就是反道德的，因为它背离了基本的人性。应该倡导科学、理性的方式"为义"，既不鼓励"自私自利"，也不提倡轻易地"舍生取义"，提倡个人的生命价值与其他非己利益并重。在生命受到严重威胁的形势下，人求自保，无可厚非。这个世上，人唯有自救，才有出路，才有活下去的可能。我们所宣扬的助人，是在力所能及的范围之内，尽最大的力量，奉献所有，无私无求。

思考题

1. 熟知各种报警电话。
2. 当遇到危险或困难时，你将如何见义"智"为？

第10章

学会如何自救

Chapter 10

自救就是在危险环境中，没有他人的帮助扶持下，靠自己的力量脱离险境。我们每一个人都应通过接受防护教育，掌握防护的基本知识和技能，以及在特殊情况下的求生技能，在平时遇到突发灾害或事故时，就能有序地进行自救互救，保护自己，减少伤亡。

在生活中大学生可能遇到的问题是千变万化的，具有不可预测性，在不可知的危险面前，大学生能做的就是掌握各种危险的应对技巧，学会合理运用，在危险面前能够保全自己。下面主要是介绍火灾、被困、挤伤踩踏、电险排除和防溺水技巧。

一、火灾扑救及逃生

火灾在我们的日常生活中是相对来说比较常见的问题，大学生也已经掌握了一定的预防知识，但是在我们身边还是有许多事故是因为火灾引起的，火灾多发的原因是错误使用家用电器、线路老化等。大学生要避免火灾的发生就必须系统地掌握引起火灾发生的各种诱因以及火灾发生时的应急措施、自救方法等。

1. 火灾的成因和预防

（1）校园内火灾常见原因。

校园内火灾常见原因主要有以下几个方面：①教职员工和广大师生的消防安全意识淡薄；②用火不慎；③用火用电不遵循安全规范；④吸烟；⑤老式建筑多，先天性火灾隐患多；⑥电器设备引起的火灾；⑦大学校园情况复杂，人员流动性大；⑧建筑物人员密度大，安全通道少；⑨校方在消防安全上投入少。

（2）野外发生火灾的原因。

野外发生火灾的原因主要有以下几个方面：①户外活动防火意识的缺乏；②户外堆积物的存放；③天气的因素；④人们对火灾的疏忽。

（3）大学校园火灾事故的预防及火灾事故的应对。

大学校园火灾是可以预防的，只要做好火灾预防工作就可以减少火灾事故的发生，降低因火灾事故发生造成的财产和人员损失。

① 防范高校校园火灾的措施。

防范高校校园火灾的措施主要有以下几个方面。

提高对校园消防安全工作的重视程度。各级教育行政管理部门和高校领导应从保持社会稳定和可持续发展的角度来认识高校消防工作的重要性，从人力和物力两方面给高校消防安全管理部门以尽可能多的支持。

开展形式多样的消防宣传教育。学校对学生及教职员工的消防意识薄弱问题应有足够的认识，要加大消防宣传教育的力度，校园内应通过多种形式开展经常性的消防安全宣传与培训，增强其消防法制观念，提高其消防安全意识和责任心，使其掌握防火、灭火、逃生的常识，自觉遵守消防安全规章制度。

新生入学时就要进行消防安全教育，可将消防安全教育内容纳入军训项目之中，使新生一入校即体验到消防安全工作在学校的重要性；定期举办课外消防知识讲座；从教职员工和学生中发展义务消防队员；举办消防运动会和灭火演练；利用电教设备开展有针对性的消防宣传等。

在消防安全管理上，学校要建立和健全各项消防安全管理制度，落实消防安全责任制，在宿舍、图书馆、实验室、食堂等重点部位和场所落实岗位消防安全责任制，做到每个岗位和场所都有专人负责消防安全，及时发现和消除火灾隐患，保证各项制度得到落实。

工作学习中严格遵守消防安全规程。在教室、实验室、研究室学习和工作时，要严格遵照各项安全管理规定、操作规程和有关制度。使用仪器设备前，应认真检查电源、管线、火源、辅助仪器设备等情况，如放置是否妥当，对操作过程是否清楚等。使用完毕应认真进行清理，关闭电源、火源、气源、水源等，还应清除杂物和垃圾。加大资金投入，逐步解决历史遗留问题。学校要广开渠道，多方筹措资金，有足够的消防专项经费用于火灾隐患的整改以及消防器材、设施的配备、维修。对于历史遗留的建筑耐火等级低、电气线路老化、消防基础设施缺乏等火灾隐患，要根据本单位实际，制订可行的整改计划，及时加以整改。在解决历史遗留问题的同时，要确保新建的建筑决不能再留有火灾隐患。

大学生要做到在宿舍内不私自接拉电线，不使用电炉、热得快、电热毯等电热设备，不使用煤气炉、酒精炉等灶具。因为宿舍空间较小，可燃物品较多，稍有疏忽即酿成火灾。不点蜡烛看书；不卧床吸烟，乱扔烟头、火柴梗；不乱焚烧杂物；不将台灯靠近可燃物；做到人走断电；人离开房间要关掉电器开关，拔下电源插头，确保电器彻底切断电源。

② 火灾事故的应对。

若火势小能自救，应立即组织人自行扑火。

若火情严重，无法自行扑火时，应立即报警（119），同时向学校有关部门报告，并采取自救措施：一是打开消防通道，疏散人员；二是切断或隔离电源。

如果出现浓烟、火势迅猛，不要开窗，以防形成对流，风助火势。要用湿毛巾、湿被单等捂住口鼻，匍匐撤出。

从安全通道撤离。保持秩序不要拥挤，以免造成踩踏等伤害事故。

如果紧急出口地被封住，要采取破坏方法，保证学生撤离到安全地带。

本着先救人后救物的原则，立即施救。同时做好其他学生思想工作和安顿工作，稳定学生情绪。

如果楼梯或门口被大火封堵，可通过窗口、阳台、下水管、竹竿等滑下逃生。

跳楼有术，不要盲跳。人从 10 米以上高度跳下，生还的可能性极小。一般 4 层以下的，在非跳楼即烧死的情况下，才采取跳楼。跳时要选择救生气垫中部或选择有水池、软雨篷、草地等方向跳。

教学楼失火时，切勿慌张、乱跑，冷静探明火势的方向，并在火势未蔓延前，朝逆风方向离开火灾区域。

如果楼道被烟火封死，应立即关闭房门和室内通风孔，防止进烟，如果只有烟没有火，可用湿毛巾捂住口鼻，采用弯腰等低姿势逃离火灾区域。

（4）野外火灾的扑救。

① 隔绝火源。

从火灾发生的主要原因来看，火灾的扑救要隔绝空气，断绝火源，所以对于那些小型的火灾，大学生要用沙土或者其他介质将空气隔绝，进行合理的掩埋。

② 寻求支援。

对于那些大型的火灾，大学生往往无能为力，所能做的就是尽自己的努力将火源隔绝，然后拔打火警电话，寻求支援。同时还要将其他易燃的东西移离火灾现场。

③ 野外火灾的逃生。

正确选择逃生路线，往风的下风向逃生。

寻找天然防火带，往有水的地方跑，或是寻找避风和不通风的地方临时躲避，减缓火灾对自己的伤害。

逃离的时候要用湿布捂住自己的口鼻，尽量不要让烟雾进入口腔，同时将身体放低来逃生。

无路可逃时，尽可能就地挖一个凹形坑，脱去化纤衣物，将铺上泥土的大衣或布料盖在身上，以此来尽量躲避火灾的伤害。

点火自救。大火袭来已来不及逃跑时，应迅速把自己周围树木、荒草等可燃物点燃烧尽，形成一片空地，使得火苗不能接近。要选择在比较平坦的地方，一边点顺风火，一边打两侧的火，一边跟着火头方向前进，进入到火烧后形成的空地中避火。

身上着火时。要么卧地打滚，扑灭火星，要么尽快脱下着火衣物，以防灼伤，或者寻找水源。

2. 灭火技术与火场逃生

火灾是无情的，火灾的发生常常会造成巨大的人员伤亡和财产损失，许多火灾事故因为缺少防火措施，或者缺少自救常识而使人员和财产损失上升，造成了火灾事故影响的扩大化，所以大学生掌握一定的灭火技术和火场逃生技巧就可以减少损失，或者给救援争取更多的时间，使更多的人得到救助，更多的财产得到保护。

（1）火场自救和逃生。

一场大火降临，在众多被火围困的人员中，有的人难过重重险关，最终命赴黄泉；也有人化险为夷，最终死里逃生。这固然与起火时间、地点、火势大小、建筑物内消防设施等因素有关，但是被火围困的人员的火场自救和逃生技巧在火灾发生时也起着重要作用，在灾难临头时有没有逃生的本领成为关键因素。火场自救和逃生技巧主要有以下几个方面。

① 熟悉环境，临危不乱。就是要了解和熟悉我们经常或临时所处建筑物的消防安全环境。每个人对自己工作、学习或居住所在的建筑物的结构及逃生路径平日就要做到了然于胸；而当身处陌生环境，如入住酒店、商场购物、进入娱乐场所时，为了自身安全，务必留心疏散通道、安全出口以及楼梯方位等，对确定的逃生出口、路线和方法，要让所有成员都熟悉掌握，以便在关键时候能尽快逃离火场。对我们通常工作或居住的建筑物，事先可制订较为详细的逃生计划，以及进行必要的逃生训练和演练。必要时可把确定的逃生出口和路线绘制成图，张贴在明显的位置，以便平时大家熟悉。

② 保持镇静，明辨方向，迅速撤离。突遇火灾时，首先要强令自己保持镇静，千万不要盲目地跟从人流和相互拥挤、乱冲乱撞。撤离时要注意，朝明亮处或外面空旷地方跑，要尽量往楼层下面跑，若通道已被烟火封阻，则应背向烟火方向离开，通过阳台、气窗等通往室外逃生。逃生行动是争分夺秒的行动。一旦听到火灾警报或意识到自己可能被烟火包围，千万不要迟疑，要立即跑出房间，设法脱险，切不可延误逃生良机。

③ 不入险地，不贪财物。在火场中，人的生命最重要，不要因害羞或顾及贵重物品，把宝贵的逃生时间浪费在穿衣服或寻找、搬运贵重物品上。已逃离火场的人，千万不要重返险地。

④ 避免窒息，毛巾掩口。火灾中产生的一氧化碳在空气中的含量过 1.28%时，即可导致人在 1～3 分钟内窒息死亡。同时，燃烧中产生的热空气被人吸入，会严重灼伤呼吸系统的软组织，严重的也可致人员窒息死亡。逃生时，可把毛巾浸湿，叠起来捂住口鼻，无水时，干毛巾也可。穿越烟雾区时，即使感到呼吸困难，也不能将毛巾从口鼻上拿开。

⑤ 简易防护，裹身匍匐。火场逃生时，经过充满烟雾的路线，可采用毛巾、口罩蒙住口鼻，匍匐撤离，以防止烟雾中毒、预防窒息。另外，也可以采取向头部、身上浇冷水或用湿毛巾、湿棉被、湿毯子等将头、身裹好后，再

冲出去。

⑥ 低层建筑，有效跳离。如果被火困在二层楼内，若无条件采取其他自救方法并得不到救助，在烟火威胁、万不得已的情况下，也可以跳楼逃生。但在跳楼之前，应先向地面扔些棉被、枕头、床垫、大衣等柔软物品，以便“软着陆”。只要有一线生机，就不要冒险跳楼。

⑦ 无法逃生，短暂避难。在无路可逃生的情况下，应积极寻找暂时的避难处所，以保护自己，择机而逃。如果在综合性多功能大型建筑物内，可利用设在电梯、走廊末端以及卫生间附近的避难间，躲避烟火的危害。

⑧ 善用通道，莫入电梯。规范标准的建筑物，都会有两条以上的逃生楼梯、通道或安全出口。发生火灾时，要根据情况选择进入相对较为安全的楼梯通道。应根据火势情况，优先选用最便捷、最安全的通道和疏散设施，如疏散楼梯、消防电梯等。除可利用楼梯外，还可利用建筑物的阳台、窗台、屋顶等攀到周围的安全地点；沿着下水管、避雷线等建筑上的凸出物，也可滑下楼脱险。千万要记住，高层楼着火时，不要乘普通电梯。

⑨ 避难场所，固守待援。假如用手摸房门已感到烫手，此时一旦开门，火焰与浓烟势必迎面扑来。此时，首先应关紧迎火的门窗，打开背火的门窗，用湿毛巾、湿布等塞住门缝，或用水浸湿棉被，蒙上门窗，然后不停用水淋透房间，防止烟火渗入，固守房间，等待救援人员达到。

⑩ 标志引导，及早脱险。在公共场所的墙面上、顶棚上、门顶处、转弯处，要设置“太平门”、“紧急出口”、“安全通道”、“火警电话”以及逃生方向箭头、事故照明灯等消防标志和事故照明标志。被困人员看到这些标志时，马上就可以确定自己的行为，按照标志指示的方向有秩序地撤离逃生。

⑪ 传送信号，寻救援助。被烟火围困时，尽量呆在阳台、窗口等易于被人发现和能避免烟火近身的地方。在白天可向窗外晃动鲜艳的衣物等；在晚上，可用手电筒不停地在窗口闪动或敲击东西，及时发出有效求救信号。在被烟气窒息失去自救能力时，应努力滚到墙边或门边，既便于消防人员寻找、营救，也可防止房屋塌落时砸伤自己。

⑫ 火已及身，切勿惊跑。火场上如果发现身上着了火，惊跑和用手拍打，只会形成风势，加速氧气补充，促旺火势。正确的做法是赶紧设法脱掉衣服或就地打滚，压灭火苗。能及时跳进水中或让人向身上浇水就更有效。

⑬ 切勿惊跑，利人利己。在众多被困人员逃生过程中，极易出现拥挤、聚堆，甚至倾轧践踏的现象，造成通道堵塞和不必要的人员伤亡。相互拥挤、践踏，既不利于

自己逃生，也不利于他人逃生。

⑭ 缓降逃生，滑绳自救。高层建筑发生火灾后，各通道全部被浓烟烈火封锁时，可迅速利用身边的绳索或床单、窗帘、衣服等自制简易救生绳，拧成绳状，用水沾湿，然后将其拴在牢固的暖气管道、窗框、床架上，从窗台或阳台沿绳滑到下面的楼层或地面逃生。

（2）灭火技术。

灭火技术的运用能够及时有效地控制火灾，把火灾控制在有效范围之内，减少不必要损失的同时为营救工作争取更多的时间。常见的灭火技术主要有以下几种。

① 隔离法。当发生火情时，迅速将火源附近的易燃物移开，或对可燃体防火处理。隔离灭火就是将燃烧物与附近有可能被引燃的可燃物分隔开，燃烧就会因缺少可燃物而熄灭，这也是一种常用的灭火方法。

灭火时迅速将着火部位周围的可燃物移到安全地方，将着火物移到没有可燃物质的地方。关闭可燃气体、液体管道的阀门，减少和中止可燃物质进入燃烧区域。拆除与火源相毗连的易燃建筑，形成阻止火势蔓延的空间地带。

② 窒息法。防止空气流入燃烧区域，减少空气中氧气的含量。窒息灭火就是阻止空气进入燃烧区，不让火接触到空气，让氧气与燃烧物隔绝使火熄灭。根据着火时需要大量空气这个条件，灭火时采用捂盖的方式，使空气不能进入燃烧区或进入很少。常用方法：向燃烧区充入大量的氮气、二氧化碳等不助燃的惰性气体，减少空气量。封堵建筑物的门窗，燃烧区的氧一旦被耗尽，又不能补充新鲜空气，火就会自行熄灭。用石棉毯、湿棉被、湿麻袋、砂土、泡沫等不燃烧或难燃烧的物品覆盖在燃烧物体上，以隔绝空气使火熄灭。

③ 冷却法。用水或其他灭火剂喷射到燃烧物上，将燃烧物的温度降到燃点以下。由于可燃物质着火必须具备一定的温度和足够的热量，灭火时，将具有冷却降温和吸热作用的灭火剂直接喷射到燃烧物体上，以降低燃烧物质的温度。当其温度降到燃烧所需最低温度以下时，火就熄灭了。也可将水喷洒在火源附近的可燃物质上，使其温度降低，防止火源将附近的可燃物质烤着起火。冷却灭火方法是灭火的常用方法，主要用水来冷却降温。一般物质如木材、纸张、棉花、布匹、家具、麦草等起火，都可以用水来冷却灭火。

④ 截断电源。若遇电线负荷过重，或短路、老化而引起的燃烧，应及时寻找电源开关，切断电源，万不可用水或灭火剂喷洒。

⑤ 野外扑救方法。在无水源的情况下，脱下衣服扑打明火，或用带叶的树枝扑打，若在火灾现场有松土也可以用土来掩盖明火。

⑥ 抑制灭火。抑制灭火是将化学灭火药剂喷入到燃烧区，使之参与燃烧的化学反应，而使燃烧反应停止，一般用于扑救计算机等精密仪器设备、家用电器、档案资料

和各种可燃气体火灾。但灭火后要采取降温措施，防止发生复燃。

（3）常见火灾扑灭技巧。

① 家用炉灶起火。可用灭火器直接向火源喷射，或将水倒在正燃烧的物品上，或盖上毯子后再浇一些水。火扑灭后，仍要多浇水，使其冷却，防止复燃。

② 家庭电器起火。电视机或微波炉等电器突然冒烟起火，应迅速拔下电源插头，切断电源，防止灭火时触电伤亡；用棉被、毛毯等不透气的物品将电器包裹起来，隔绝空气；用灭火器灭火，灭火时，灭火剂不应直接射向荧光屏等部位，防止热胀冷缩引起爆炸。

③ 固定家具着火。发现固定家具起火，应迅速将旁边的可燃、易燃物品移开，如果家中备有灭火器，可立即拿起灭火器，向着火家具喷射。如果没有灭火器，可用水桶、水盆、饭锅等盛水扑救，争取时间，把火消灭在萌芽状态。

④ 窗帘织物着火。火小时浇水最有效，应在火焰的上方弧形泼水；或用浸湿的扫帚拍打火焰；如果用水已来不及灭火，可将窗帘撕下，用脚踩灭。

⑤ 酒精溶液着火。可用沙土扑灭，或者用浸湿的麻袋、棉被等覆盖灭火。如果有抗溶性泡沫灭火器，可用来灭火。因为普通泡沫即使喷在酒精上，也无法在酒精表面形成能隔绝空气的泡沫层，所以，对于酒精等溶液起火，应首选抗溶性泡沫灭火器来扑救。

⑥ 汽油煤气着火。迅速关掉阀门，备有灭火器，立即用灭火器灭火。没有灭火器时，或用沙土扑救，或把毛毯浸湿，覆盖在着火物体上，但千万不能向其浇水，否则会使浮在水面上的油继续燃烧，并随着水到处蔓延，扩大燃烧面积，危及周围安全。

⑦ 衣服头发着火。衣服起火，千万不要惊慌、乱跑，更不要胡乱扑打，以免风助火势，使燃烧更旺，或者引燃其他可燃物品。应立即离开火场，尔后就地躺倒，手护着脸面将身体滚动或将身体贴紧墙壁将火压灭；或用厚重衣物裹在身上，压灭火苗；如果附近有水池，或者正在家里，浴缸里有水，就急跳进，依靠水的冷却熄灭身上的火焰。头发着火时，也应沉着、镇定，不要乱跑，应迅速用棉制的衣服或毛巾、书包等套在头上，然后浇水，将火熄灭。

（4）灭火器的使用。

① 二氧化碳灭火剂是一种具有一百多年历史的灭火剂，价格低廉，获取、制备容易，主要依靠窒息作用和部分冷却作用灭火。在使用时，应首先将灭火器提到起火地点，放下灭火器，拔出保险销，一只手握住喇叭筒根部的手柄，另一只手紧握启闭阀的压把。对没有喷射软管的二氧化碳灭火器，应把喇叭筒往上扳 70° ~90° 。使用时，

不能直接用手抓住喇叭筒外壁或金属连接管，防止手被冻伤。在使用二氧化碳灭火器时，在室外使用的，应选择上风方向喷射；在室内窄小空间使用的，灭火后操作者应迅速离开，以防窒息。

② 干粉灭火器内充装的是干粉灭火剂。干粉灭火剂是用于灭火的干燥且易于流动的微细粉末，由具有灭火效能的无机盐和少量的添加剂经干燥、粉碎、混合而成的微细固体粉末组成。干粉灭火器最常用的开启方法为压把法，将灭火器提到距火源适当距离后，先上下颠倒几次，使筒内的干粉松动，然后让喷嘴对准燃烧最猛烈处，拔去保险销，压下压把，灭火剂便会喷出灭火。另外还可用旋转法。开启干粉灭火棒时，左手握住其中部，将喷嘴对准火焰根部，右手拔掉保险卡，顺时针方向旋转开启旋钮，打开贮气瓶，滞后 1～4 秒，干粉便会喷出灭火。

③ 清水灭火器中的灭火剂为清水。水在常温下具有较低的粘度、较高的热稳定性、较大的密度和较高的表面张力，是一种古老而又使用范围广泛的天然灭火剂，易于获取和储存。它主要依靠冷却和窒息作用进行灭火。在灭火时，由水汽化产生的水蒸气将占据燃烧区域的空间，稀释燃烧物周围的氧含量，阻碍新鲜空气进入燃烧区，使燃烧区内的氧浓度大大降低，从而达到窒息灭火的目的。当水呈喷淋雾状时，形成的水滴和雾滴的表面积将大大增加，增强了水与火之间的热交换作用，从而强化了其冷却和窒息作用。

④ 简易式灭火器是近几年开发的轻便型灭火器。它的特点是灭火剂充装量在 500 克以下，压力在 0.8 兆帕以下，而且是一次性使用，不能再充装的小型灭火器。按充入的灭火剂类型分，简易式灭火器有 1211 灭火器，也称气雾式卤代烷灭火器；简易式干粉灭火器，也称轻便式干粉灭火器；还有简易式空气泡沫灭火器，也称轻便式空气泡沫灭火器。使用简易式灭火器时，手握灭火器上部，大拇指按住开启钮，用力按下即能喷射。在灭液化石油气灶或钢瓶角阀等气体燃烧的初起火灾时，只要对准着火处喷射，火焰熄灭后即将灭火器关闭，以备复燃再用；如灭油锅火应对准火焰根部喷射，并左右晃动，直至扑灭火。灭火后应立即关闭煤气开关，或将油锅移离加热炉，防止复燃。用简易式空气泡沫灭油锅火时，喷出的泡沫应对着锅壁，不能直接冲击油面，防止将油冲出油锅，扩大火势。

二、被困自救技巧

外部世界错综复杂，自然时常会让人晕头转向，经常会发生被困在某个地方的现象，下面介绍被困山林、被困在寒冷地方和迷路时进行自救的技巧。

1. 被困山林的自救

（1）找一个相对比较明显、显眼的地方，在紧靠水源的地方找一个避难所。

（2）利用自己随身携带的东西搭建一个简易帐篷，利用自己掌握的技术生火，来防范野兽的袭击和取暖。

（3）悬挂明显的标志来寻求救援，并且不要没有目的地乱走。

2. 被困寒冷的地方的自救

（1）不要无目的地耗尽自己的精力或者把自己弄得浑身是汗，衣服一旦潮湿，会很快失去绝缘特性，在几小时内，就会被冻僵。

（2）尽快建造避险窝棚，或挖雪洞藏身，躲避寒风的侵袭，保存身上的热量。千万不要把窝棚建在雪崩会经过的地方，应建在大树的覆盖之下或山脊上，理想的雪洞应建在几乎垂直的雪峰上，直接在上面掏洞，顶部留 0.6 ~ 0.9m 厚作顶。

（3）尽快生火取暖。要在平地上选择点火地点，使其避开风，躲开低垂的树枝，以免上面融化的雪水滴下浇灭火。还应将点火地点周围的雪清除，整理出一块空地。准备足够的燃料，将火烧旺。

3. 迷路时的自救

（1）回到认识的地方。

平时在行进的休息间歇要多注意周围的风景和标志，一旦迷失方向，最好回到自己认识的地方，用罗盘和地图确定所处的位置及目的地方位，重新开始行走。折返时不要只走下坡路，因为下坡路视野小，方向不易确认，这是很危险的。

（2）做好山路标志。

在山野中行进时要注意曾经走过的人留下的用塑料袋、树枝或石头作的记号。走在前面开路的人，遇到特殊状况时，要做标志通知后面的人。

（3）不要慌乱，保持镇定。

（4）在山上迷路的时候，如果旁边有溪流，溪涧流向显示下山的路线，但不要贴近溪涧而行，因为山上流水侵蚀河道的力量很强，河岸都非常陡峭。所以，应该寻水声沿溪流下山。

三、预防挤伤、踩踏技巧

在我们的身边踩踏事件也时有发生，一旦发生会导致惨重的后果。下面介绍踩踏事件的发生原因和预防措施。

1. 发生踩踏事件的原因

（1）学生在参观旅游景区的时候疏于防范，没有加强思想上的认识。

（2）旅游景区内的参观人数超过了景区所承载的数量，景区的负责人过度地追求经济效益没有控制人流量。

（3）景区的管理人员没有加强监督管理，对拥挤的现象置之不理，没有恰当地疏散人群。

2. 踩踏事件的预防

（1）举止文明，人多的时候不拥挤、不起哄、不制造紧张或恐慌气氛。发现不文明的行为要敢于劝阻和制止。

（2）尽量避免到拥挤的人群中，不得已时，尽量走在人流的边缘。应顺着人流走，切不可逆着人流前进，否则，很容易被人流推倒。

（3）大学生要加强对踩踏事件的认识。

（4）旅游景区工作人员要对拥挤等不良现象给予制止，加强管理，防止拥挤堵塞现象的发生，控制景区人员数量。

（5）陷入拥挤的人流时，一定要先站稳，身体不要倾斜失去重心，即使鞋子被踩掉，也不要贸然弯腰提鞋或系鞋带。有可能的话，可先尽快抓住坚固可靠的东西慢慢走动或停住，待人群过去后，迅速离开现场。

（6）若自己被人群拥倒后，要设法靠近墙角，身体蜷成球状，双手在颈后紧扣以保护身体最脆弱的部位。

四、电险排除技巧

电力作为一种最基本的能源，是国民经济及广大人民日常生活不可缺少的。由于电本身看不见、摸不着，它具有潜在的危险性。只有掌握了用电的基本规律，懂得了用电的基本常识，按操作规程办事，电就能很好地为人民服务。否则，会造成意想不到的危险。

1. 出现用电危险的原因

（1）对基本的用电常识不了解，错误地使用电器。

（2）在对别人的电击救治中不小心出现连电的现象。

（3）电器线路的安全维护出现问题。

2. 触电的几种方式

触电最常见的形式是电击，也是最危险的。触电方式一般有以下几种。

（1）单相触电。人体接触一根火线所造成的触电事故。单相触电形式最为常见。

（2）两相触电。人体同时接触两根火线所造成的触电为两相触电。当人体同时接触两相火线时，电流经B相火线→人体→C相火线→中性点构成闭合回路。380V线电压直接作用于人体。

（3）雷击触电。雷雨云对地面突出物产生放电，这是一种特殊的触电方式。雷击感应电压高达几十至几百万伏，其能量可把建筑物摧毁，使可燃物燃烧，把电力线、用电设备击穿、烧毁，造成人身伤亡，危害性极大。目前，一般通过避雷设施将强大的电流引入地下，避免雷电的危害。

（4）跨步电压触电。三相线偶有一相断落在地面时，电流通过落地点流入大地，此落地点周围形成一个强电场。距落地点越近，电压越高，影响范围约10m左右。当人进入此范围时，两脚之间的电位不同，就形成跨步电压。跨步电压通过人体的电流就会使人触电。高压线有一相触地尤其危险。在潮湿地面，低压线断线触地形成的跨步电压也在10V以上，对人体也会造成伤害，时间长了就会有生命危险。

3. 电险的排除

（1）了解电源总开关位置，学会在紧急情况下关断总电源。不用手或导电物去接触、探试电源插座内部。不用湿手触摸电器，不用湿布擦拭电器。

（2）不随意拆卸、安装电源线路、插座、插头等，哪怕安装灯泡等简单的事情，也要先关断电源，并在家长的指导下进行。

（3）发现有人触电要设法及时关断电源；或者用干燥的木棍等不导电的物体将触电者与带电的电器分开，不要用手去直接救人；如果不了解情况，应呼叫他人相助，不要自己处理，以防触电。

（4）学会基本的电器使用方法，严格按照电器的使用规则办事。

重要提示　大学生切莫贪图便宜，购买使用劣质电器，以免引发火灾。

五、预防溺水技巧

人淹没于水中，由于呼吸道被水、污泥、杂草等杂质阻塞，喉头、气管发生反射性痉挛，引起窒息和缺氧，称为溺水。

1. 溺水的原因

① 游泳技术不佳，没有认清楚自己的能力，盲目自信甚至打赌、逞能。

② 游泳前活动热身不够，没有做好准备，下水后水温比气温低，极易抽筋，最终无力回游。

③ 对河道情况不了解，深浅不明，以至于在遇到问题时惊慌失措，采取自救措施不当导致溺水身亡。

④ 游泳前没有观察好天气，遇到恶劣的天气，结果溺水。

⑤ 在游泳的过程中遇到溺水者，盲目去捞救，结果自己也深陷溺水的危险。

2. 溺水警示

（1）不要在不明水域游泳。

每年夏季是溺水事故频发的时期。很多人为了解暑，选择河流、湖泊、溪涧、水塘等地方游泳，而这些地方由于没有专门的部门进行监管，也没有救生人员的保护，成为溺水事故高发的区域。

（2）泳池游泳也要防溺水。

人们往往认为游泳池是非常安全的游泳场所，所以放松了警惕。但是在游泳池里也同样隐藏着一些不安全的因素。这些不安全的因素一方面来源于客观的外部环境，如人多、地滑、水的深浅；另一方面也来源于自身的因素，如酒后下水、先天性疾病、在游泳池里面嬉闹等。如果我们不注意安全防范，不遵守游泳池的游泳安全规则，即使在游泳池里，溺水事故也会发生。

3. 预防溺水的几种措施

① 不在身体不适的情况下游泳，不酒后游泳。

② 下水前注意分辨游泳池的深水区和浅水区，注意游泳池边的安全警示标志。

③ 在水中感觉身体不适，或将出现抽筋现象时，应立即登岸休息。如果无法靠岸，及时向身边同学或管理员求救，等待救援。

④ 下水前要用手沾水拍打胸背适应水温，下水时先以脚入水较为安全。不要在池边跳水。

思考题

1. 在野外迷路的时候怎样自救？
2. 发生火灾的时候我们要注意哪些注意事项？
3. 以溺水自救为例，说明掌握一定的自救知识的重要性。

第11章

安全出行牢记心中

Chapter 11

大学生属于出行较多的群体之一，平时的上下课、放假回家、校外实习、外出购物以及外出旅行都与交通安全密切相关，一旦疏忽就有可能发生意外交通事故，给自己、家庭造成伤害和遗憾，给学校和社会带来负担。

第一节　遵守交通法规

近年来，高等院校与社会的交流与接触越来越频繁，校园内人流量、车流量也在急剧增加。许多高校教师也拥有私家车，大学生上课骑自行车，甚至少数公交车也开进校园。但是，校园道路的建设、校园交通的管理却滞后于高校道路设施的发展。一般校园道路规划建设时都比较狭窄，交叉路口也没有设置信号灯管制，没有专职交通管理人员管理；校园内人员居住过于集中，上、下课时很容易形成人流高峰，造成人车混行、人车争道，交通事故很容易发生。许多大学生刚刚离开父母和家庭，缺乏必要的生存能力、安全意识、缺乏社会生活经验，头脑里交通安全意识比较淡薄，有的同学在思想上还存在校园内骑车和行走肯定比公路上安全的错误认识，一旦遇到意外，发生交通事故就在所难免。高校校园一般都处于市区内，学校校园的大门多与市区内的主要交通干道相通，学生进出校园必须穿行马路，而校门一带往往缺乏必要的交通设施和有效的交通管理，加之有的大学生在走路时注意力不集中，也会造成交通事故。只要有行人、车辆、道路这三个交通安全要素存在，就有交通安全问题，也许只是一个小小的意外，就可能造成严重后果，断送了大学生的美好的前程，甚至生命，给大学生自己以及家人带来痛苦。而许多这样的交通事故是完全可以通过预防和应急处理得以避免的。所以大学生了解相关交通安全的知识就显得非常有必要。

一、日常交通安全常识

大学生的交通安全必须警钟长鸣，大学生要时时刻刻关心、关注交通安全，应该知晓必要的交通安全知识。

1. 大学生应掌握的行人日常交通安全常识

由于经济条件所限，徒步是目前大学生最常用的交通方式之一，也是大学生最易引发交通事故的方式之一。大学生余暇空闲时购物、观光、访友要到市区活动，这些地方车流量大，行人多，各种交通标志眼花缭乱，与校园相比交通状况更加复杂，由于是徒步出行，许多大学生认为徒步不像使用交通工具那样存在比较大的安全隐患，便因此放松了对交通安全的警惕，使交通事故的发生几率大大增加。大学生必须掌握的行人日常交通安全常识主要包括以下几个方面。

- 行人要走右侧人行道，没有人行道的靠右侧路边行走。
- 横过车行道，要走人行横道或按指示标志走过街天桥、地下通道。

- 通过有行人信号灯控制的路口时，应做到红灯停，绿灯行。
- 横过没有人行道的车行道，要看清来往车辆，不要突然横穿。
- 不要在道路上拦车、追车、扒车或抛物击车。
- 不要在道路上玩耍、坐卧或进行其他妨碍交通的行为。不要三五成群地横在道路上行走。
- 不要钻越、跨越人行护栏或道路隔离设施。
- 不要进入高架道路、高速公路以及其他禁止行人进入的道路。不要擅自进入交通管制区。

2. 大学生骑自行车必须掌握的交通知识

在大学校园中，由于时间较紧，大学生在校园的上、下课过程中为节约时间，主要采用自行车作为代步工具，自行车也逐渐成为大学生生活的重要交通方式之一，因此，大学生必须掌握一定的骑车交通知识，才能保证安全。

- 要了解车辆性能，做到车闸、车铃等齐全有效。
- 要熟悉和遵守道路交通管理法规。
- 要挂好车牌照，随身携带执照。购买和使用二手自行车是要手续齐全；注意保管好自行车，防止被盗造成损失。

- 要在规定的非机动车道内骑行，不可在机动车道上骑行。
- 要依次行驶，按规定让行。
- 要集中精力，谨慎骑车。
- 要在转弯前减速慢行，向后瞭望，伸手示意。
- 要按规定停放车辆。
- 要听从交警指挥，服从管理。

3. 大学生驾驶员应该掌握的驾驶安全常识

在大学校园中也有许多大学生家庭拥有私家车，部分大学生在校期间已经考取驾驶执照，作为一个大学生驾驶员应该掌握的驾驶安全常识包括以下几个方面。

- 严格遵章守纪，不开违章车。
- 严格按道行驶，不开急躁车。
- 注意规定车速，不开英雄车。
- 注意劳逸结合，不开疲劳车。

- 注重文明礼让，不开赌气车。
- 掌握驾驶规律，不开盲目车。
- 经常保养车辆，不开带病车。
- 养成良好习惯，不酒后开车。

4. 乘坐各种交通工具应掌握的交通安全知识

大学生离校、返校，外出旅游、社会实践，寻找工作等都要乘坐各种长途或短途的交通工具，在乘坐各种交通工具时，必须掌握必要的交通安全常识。

（1）乘船安全常识。

① 严禁携带违禁品或易燃、易爆、有毒、腐蚀性、放射性及其他危险品。

② 爱护船上的广播系统、应急装置、消防救生设备等，严禁随意开关、挪动、搬用。

③ 不准乱扔烟头，须到指定的吸烟点吸烟。

④ 妥善保管好自己携带的物品，以免丢失、被盗。

⑤ 旅客止步区，谢绝参观。

⑥ 紧急情况时，要听从船上工作人员的指挥，保持镇静，同时要行动迅速。

（2）乘机安全常识。

① 旅客在登机以前必须携带本人有效证件（身份证、护照等）及机票办理登机手续，同时接受安全检查，以确保你所携带的物品符合安全规定，以减少事故隐患。

② 登上飞机以后，要熟悉机上紧急安全出口；了解有关航空安全须知；不清楚的地方要及时请教机上乘务人员。

③ 一定要在起飞和着陆前根据提示系好安全带。

④ 在飞机上严格限制使用手机、手提电脑等电子设备，使用中的这些电子装置会干扰飞机的通信、导航、操纵系统，会威胁飞行安全。

⑤ 飞机在飞行过程中常受气流影响产生颠簸，有些人也会出现像晕车一样的晕机现象，有这种情况的旅客只要在登机前服用防晕药，同时注意减少活动即可。

⑥ 由于飞机高度的变化所引起的气压的变化可能会导致耳中不适，此时只要做吞咽动作，使耳腔内的气压平衡，就可以解除。

⑦ 飞机上严禁吸烟，吸烟不但会污染空气，更为重要的是容易引发火灾，酿成重大事故。

二、交通事故预防

随着社会的发展、社会节奏的加快，人们为满足时间需求，不断增加着汽车的流通量，交通流量也因此日益增加，交通事故时时都可能发生在我们身边，时刻危及我们的人身安全。面对日益增多的交通安全事故，作为重要受害群体之一的大学生必须提高交通事故的预防意识、掌握必要的交通安全预防措施，有效地降低事故的发生概率。

1. 自行车交通安全知识

（1）骑自行车的注意事项。

- 转弯前必须减速慢行，向后观望，伸手示意，不准突然猛拐。
- 超越前车时，不准妨碍被超车的行驶。
- 通过陡坡、横穿四条以上机动车道或途中车闸失效时，须下车推行。下车前须伸手上下摆动示意，不准妨碍后面车辆行驶。
- 不准双手离把、手中持物或攀扶其他车辆。
- 不准牵引车辆或被其他车辆牵引。
- 不准扶身并行、互相追逐或曲折竞驶。
- 不准骑自行车带人。
- 不准在禁行道路、路段或机动车道内骑车。
- 不准扶肩并行、互相追逐、曲折行驶。
- 不准擅自在非机动车上安装机械动力装置。
- 不准违反规定载物。
- 不准酒醉后骑车。

（2）《中华人民共和国道路交通管理条例》有关规定。

《中华人民共和国道路交通管理条例》规定，行人必须遵守下列规定：须在人行道内行走，没有人行道的靠路边行走。横过车行道时，须走人行横道。通过有交通信号控制的人行横道，须遵守信号的规定；通过没有交通信号控制的人行横道，须注意车辆，不准追逐、猛跑。没有人行横道的，须直行通过，不准在车辆临近时突然横穿。有人行过街天桥或地道的，须走人行过街天桥或地道。列队通过道路时，每横列不准超过两人。

2. 乘车安全知识

（1）乘车的注意事项。

- 自觉遵守乘车秩序，待车停稳后，先下后上。
- 不要在车辆禁停位置招呼出租车。
- 车辆行驶中，不要将头、手伸出窗外。
- 不要妨碍驾驶员正常操作。

- 不要向车外吐痰、投掷物品。
- 车行道上，不要从车辆左侧车门上、下车。
- 乘坐小客车时，前座乘客要系好安全带。
- 乘坐货运机动车时，不准站立或坐在车厢栏板上。
- 乘坐两轮摩托车必须头戴安全头盔，不要倒坐或侧坐。
- 严禁携带违禁品或易燃、易爆、有毒、腐蚀性、放射性及其他危险品。

（2）《中华人民共和国道路交通管理条例》有关规定。

《中华人民共和国道路交通管理条例》规定，乘车人必须遵守下列规定：乘坐公共汽车、电车和长途汽车须在站台和指定地点依次候车，待车停稳后，先下后上；不准在车行道上招呼出租汽车；不准携带易燃、易爆等危险品乘坐公共汽车、电车、出租车和长途汽车；机动车行驶中，不准将身体任何部分伸出车外，不准跳车；乘坐货运机动车时，不准站立，不准坐在车厢拦板上。

有下列情况不应乘车，以免发生危险：发现车辆破损时，声音异常；发现驾驶员精神状态不佳、酒后驾车时；发现车辆不正常运行时；发现客车有其他违反操作规程时。恶劣天气如大风、大雨、大雾、大雪不坐汽车长途跋涉；病中无人陪伴不要乘车。

3. 乘坐交通工具发生意外时的应急措施

火车发生意外，往往都是因信号系统发生问题所致，故大多在火车进出站时发生。此时车速不快，伤害也较轻。如果是你乘坐的车厢发生意外，你应迅速下蹲，双手紧紧抱头。这样可以使你大大减少伤害。

乘坐汽车时应注意：节假日及假日后一天乘汽车要格外小心。因为此时人们都比较兴奋，警觉性也较低，容易发生意外。乘坐大客车万一发生事故，千万不要急于跳车。否则很易造成伤亡。此时应迅速蹲下，保护好头部，看准时机，再跳离车厢。若乘坐的汽车有安全带，千万不要嫌麻烦，应及早戴上。这样一旦遭遇意外，受伤害的程度会较轻。

相对于其他交通工具，乘坐飞机遭遇意外的机会并不多。但一旦发生意外，伤害程序却往往是最高的。乘坐民航机是没有降落伞包，而应将身上的硬物除下（如手表、钢笔甚至鞋等），以求尽量减少对身体的伤害。另外，一些旅客乘坐飞机时，在空中突发急病或猝死的现象时有发生，为避免此类问题，旅客在乘机前，一定要弄清楚自己的身体状况是否适宜空中旅行。

乘坐轮船是最安全的交通工具。因为即使发生意外，也不会使你直接受害，而且还有时间逃生。乘船危险性只在于当时轮船所在位置和附近有没有救援。为了增强安全感，在乘船前你要做的准备工作：①学会游泳；②知道如何找到救生工具；③尽量多穿衣服，以保持体温。

在车辆（车、船）停稳后方可下车（机、船）。按先后秩序上下车（机、船），讲究文明礼貌，优先照顾老人、儿童、妇女，切勿拥挤，以免发生意外。在乘车旅途中，不要与司机交谈和催促司机开快车，使之违章超速和超车行驶，不要将头、手、脚伸出窗外，以防意外发生。

交通事故是最常见的威胁大学生生命安全的“隐形杀手”，应该引起大学生足够的重视。

三、交通事故的处理

大学生如果发生交通事故或者发现交通事故，要拨打122或者110报警。大学生交通事故的处理主要有以下几个方面。

1. 发生交通事故要及时报案

发生交通事故后，大学生要及时报案，这样做不仅有利于事故的公正处理，而且可以避免与肇事者私了时造成的不必要伤害。如果是在校外发生交通事故除了及时向相关部门报案外，还应该及时与学校取得联系，由学校出面处理有关事宜。

2. 事故发生后要保护好现场

相关部门对事故现场的勘查结论是划分事故责任的重要依据之一，如果事故现场没有被保护好，这不仅会给交通事故的处理带来困难，而且会导致大学生在交通事故处理中不能依法维护自己的合法权益，同时也给了肇事人逃脱处罚的机会。切记，发生交通事故后要保护好事故现场，防止当事人故意破坏、伪造现场、毁灭证据等。

3. 事故发生后要控制住肇事者

如果肇事者想逃脱，一定要设法加以制止，自己不能制止的可以发动周围的人帮忙，如果实在无法制止，就必须记住肇事车辆的车辆特征和车牌号码，以及肇事者的个人特征。

4. 及时救助伤员

交通事故发生过程中有人员伤亡的要及时拨打120进行救助，救助的同时要保护好现场，防止因救助破坏了原始现场。为抢救伤者，必须移动现场肇事车辆、伤者等，应在其原始位置做好标记。这时要特别注意现场伤情处置，防止造成其他损伤。

5. 依法解决交通事故损害赔偿

交通事故发生时，当事人不能自行协商处理，要依据法律进行处理，报警之后，要协助交通警察收集各种现场证据，做好交通事故认定书。当当事人收到交通事故认定书后，对交通事故损害赔偿的争议，可请求公安交通管理部门协商调解，也可直接向人民法院提起民事诉讼。

第二节　规避旅游的风险

旅游是人们在日常学习、工作之余放松自己、更好地学习工作的重要方式之一，特别是对年轻人有着极大的吸引力，他们可以在旅行中增长见识，锻炼意志，发现生活的智慧，获得个体发展的机会，消除工作和生活中的苦恼。大学生平时课余时间充分，旅游对大学生的学习和生活有着特殊的意义，但是由此引发的安全隐患也在不断威胁着大学生，大学生掌握旅游的安全知识，做好旅游准备就显得有特殊的意义，大学生要重视旅游安全，切莫因为贪玩而给自己留下终生遗憾。

一、旅行准备

做好旅行准备是大学生外出旅游顺利的必要保障。大学生旅行应该做好的旅行准备有以下几个方面。

1. 收集资料，规划旅行线路

（1）选择好自己旅行的城市。带有主题和目的地去游览喜欢的景物、根据自己的时间和资金，挑选具有代表性或自己爱好的景物作为旅行对象。安排旅行行程和计划。必要时准备一张当地地图，防止迷路。

（2）了解所选择旅行地区的地理形态特点，历史文化，人文风俗等，以参考资料为主，概要地了解所选地区特有的地理文化。

（3）旅行时一定要有良好的身体状况，在旅行之前一定要把自己的身体状态调节到最好。

（4）查阅相关资料了解当地人的生活方式、人文习俗，尤其是当你到少数民族地区或者国外旅行时，这些常识可以帮助你减少不必要的麻烦。

（5）选择出国旅行时要掌握必要的外语知识，掌握将要去的国家的日常用语，避免沟通障碍。

（6）国内旅行准备好自己旅行必需的现金、银行卡、身份证、学生证。到国外旅行时必备旅行支票、少量外币，一张国际通用的借记卡备用。

（7）选择好交通工具和住宿。一般以火车为主，有时候可以乘汽车，也可以选择飞机；根据自己经济状况选择好住宿的地方。

2. 准备好随身物品

（1）应该准备的旅行必需物品，手机，照相机及其配件，洗漱用品，晴雨伞、太阳帽、太阳镜，刮胡刀，笔和笔记本，瓶装水，巧克力，感冒发烧拉肚子等常用药，地图，防晒霜。

（2）鞋子要选用平时穿惯的运动鞋或散步鞋较为稳妥，衣物要选择较为宽松的衣物，旅行包要选择小型旅行包，这些都可以减少旅途的疲乏，避免旅途过度劳累。

（3）携带必要的换洗衣物，根据自己要旅行的地区的气候和外出旅行时间长短来准备合适衣物，避免因衣物准备不足造成旅行不愉快。

（4）外出旅行必备药品。

① 消化系统常用药：胃舒平、胃复安、多酶片适用于胃溃疡、胃痛、呕吐、嗳气、胃酸过多、胃胀，帮助消化，增进食欲等。

② 防晕车船药：乘晕宁、乘晕静适用于预防晕车、船等。

③ 抗过敏药：息斯敏片、扑尔敏、扑热息痛片适用于抗过敏。

④ 镇静安眠药：安定适用于镇静、安定神经。

⑤ 防暑药：仁丹、清凉油、十滴水、莪术油、风油精、白花油等适用于防暑提神。

⑥ 伤科药：正红花油、驱风油、云南白药、麝香跌打风湿膏适用于扭伤淤肿、跌打刀伤、烫伤烧伤、心腹诸痛、风湿骨痛、四肢麻木、腰骨痛、头风胀痛、蚊叮虫咬等。

⑦ 感冒药：康必得、银得菲、泰诺、快克感冒清胶囊、羚羊感冒胶囊、重感灵、VC银翘片适用于旅行中发生的感冒症状。

（5）冬季去北方旅行物品准备。

冬季去北方旅行应备齐防寒衣物、防滑设备（适用于人、汽车）、保暖设备（适用于人、汽车、照相机）、必备药品（冬季寒冷易感冒，出门旅游要备羚羊感冒片等治疗伤风感冒的药品；北方爱吃凉菜，不习惯者易“闹肚子”，需备黄连素等止泻药品；北方干燥口干，需备夏桑菊、黄老吉等清热冲剂）、墨镜（防雪盲）、润肤霜、润唇膏（北方较干燥）。

（6）夏季去南方旅行物品准备。

夏季去南方旅行应准备防晒设备（太阳镜、遮阳伞、防晒霜）、雨伞（南方多雨）、防中暑药品（藿香正气液、十滴水、仁丹）、宽松衣物（防止中暑）。

二、掌握旅行安全知识

外出旅行不仅是对大学生身体意志的锻炼，也是对大学生对于野外生存能力、社会安全常识的考验。

如果要外出旅游，在旅游前，选择信誉良好的旅行社，保留导游和同行人员的电话号码：在旅途中，尽量结伴而行；按不同气候、地区、出游方式，带好个人防护用品、常用药品、证件和通信工具，不在野外过夜。一旦遇到雷电和暴风雨不要在树下躲藏：遇到洪水、山体滑坡、泥石流等自然灾害时，应该远离危险地带并及时求助。

1. 应对自然灾害的“十字经”

（1）学：学习有关预防各种自然灾害的知识和减灾知识。

（2）听：经常注意收听国家或地方政府和主管灾害部门发布的灾害信息，不听信谣传。

（3）备：根据面临灾害的发展，做好个人、家庭的各种行动准备和物质、技术准备，保护灾害监测、防护设施。

（4）察：注意观察研究周围的自然变异现象，有条件的话，也可以进行某些测试研究。

（5）报：一旦发现某种异常的自然现象不必惊恐。尽快向有关部门报告，请专业部门判断。

（6）抗：灾害一旦发生，首先应该发扬大无畏精神，组织大家和个人自卫。

（7）避：灾前做好个人和家庭躲避和抗御灾害的行动安排，选好避灾的安全地方。一旦灾害发生，个人和组织一起进行避灾。

（8）断：在救灾行动中，首先要切断可能导致次生灾害的电、火、煤气等灾源。

（9）要学习一定的医救知识，准备一些必备药品。在灾害发生期间，医疗系统不能正常工作的情况下，及时自救和救治他人。

（10）保：为减少个人和家庭的经济损失，除了个人保护以外，还要充分利用社会的防灾保险手段。

2. 大学生进行外出旅行时应该掌握的旅行安全常识

（1）衣物与饮食。

长途旅行根据当时季节和当地气候条件及沿途各地的环境，带合适和实用的衣服等用品。关注当地天气预报，了解当地气候变化，及时调整计划，防患于未然。

旅行中，夏天应注意防止中暑，温热地带防蚊虫叮咬，防止野兽袭击、毒蛇咬伤；冬天注意防寒，登山时防跌打扭伤，注意休息，不宜过度疲劳。适量补充糖水。由于在旅途中，跋山涉水等剧烈运动会消耗大量的热量，体内贮存的糖量无法满足运动的需要。因此，参加大运动量和过长时间的运动时，适当喝些糖水，以及时补充体内能量消耗。

在严寒地带还要特别注意防止冻伤。要保持四肢的干燥，涂上油脂，比如动物的脂肪，是最有效的办法。千万不可用雪、酒精、煤油或汽油擦冻伤了的肢体，按摩同样有害。

讲究饮食卫生，不吃不洁净的瓜果和饭菜，不喝过期或不卫生的饮品。旅行饮食加强警惕，在流行性疾病传播季节和寄生虫病流行地区，尽可能避免和疫水接触，做好相应的预防工作。有的旅游者在旅途中饱一顿、饥一顿，看见好吃的就暴食暴饮，没有好吃的便不吃，这种做法是十分错误的。

（2）野外旅游如何应付意外。

在野外旅游时，可能会遇到各种意外事故，以下介绍几种应急措施。

① 被毒蛇、昆虫咬伤。

在野外如被毒蛇咬伤，患者会出现出血、局部红肿和疼痛等症状，严重时几小时内就会死亡。这时要迅速用布条、手帕、领带等将伤口上部扎紧，以防止蛇毒扩散，然后用消过毒的刀在伤口处划开一个长1厘米、深0.5厘米左右的刀口，将毒液挤出。如口腔粘膜没有损伤，可用口吸出，其消化液可起到中和作用，所以不必担心中毒。

② 被昆虫叮咬或蜇伤。

用冰或凉水冷敷后，在伤口处涂抹氨水。如果被蜜蜂蜇了，用镊子等将刺拔出后再涂抹氨水或牛奶。

③ 骨折或脱臼。

骨折或脱臼时，用夹板固定后再用冰冷敷。从大树或岩石上摔下来伤到脊椎时，将患者放在平坦而坚固的担架上固定，不让身子晃动，然后送往医院。

④ 外伤出血。

野外备餐时如被刀等利器割伤，可用干净水冲洗，然后用手巾等包住。轻微出血可采用压迫止血法，一小时过后每隔10分钟左右要松开一下，以保障血液循环。

⑤ 食物中毒。

吃了腐败变质的食物，除会腹痛、腹泻外，还伴有发烧和衰弱等症状，应多喝些饮料或盐水，也可采取催吐的方法将食物吐出来。乘坐交通工具一旦遇到意外事故，不要惊惶失措，以下的一些办法可助你转危为安或减少伤害。

（3）防止发生纠纷。

慎重选择旅行社，防止被骗。临行前比较各家旅行社的信用状况，以及服务质量状况，慎重选择你要出行的旅行社，千万当心上当受骗，使自己的权益受损。

旅行中要谦虚谨慎，不要太随意。避免误会与冲突，谨防“乞丐”团伙诱骗，“托儿”蒙骗，坏人诈骗多是冲着善良的人来的。假如有人说“您的某某物品掉了”，要十分警惕，不要上当。不要接受和食用陌生人送的香烟、食物和饮品，防止他人暗算。

在车站、码头或风景区，无论用餐、购物购门票、乘车，还是买土特产、纪念品须看清问清价码，切忌冒冒失失，买后索取发票，没有发票的，记下标记或特征、号码。

忌在风景区乱涂乱画。这种乱涂乱画，既损坏古迹的完善，也是一种不讲精神文明的行为，造成很坏的影响，同时也体现了你的素质。在旅游行程中，拍照、摄像时，注意来往车辆和是否有禁拍标志，不要在设有危险警示标志的地方停留、拍照、摄像。

游客在购物、娱乐时，主要应防止被诈骗、盗劫和抢劫事故发生。要特别注意，不要轻信流动人员的商品推销；无意购物时，不要随意向商家问价还价；不要随商品销售人员到偏僻地方购物或取物；要细心辨别商品的真伪，不要急于付款购物。

（4）住宿时注意事项。

① 使用客房内电器时要科学，不要将电器烧坏而导致火灾。

② 不要使用自带的功率大的电器，以免超过整个酒店电压负荷后导致火灾。

③ 到酒店后做好一些应付火灾的准备，如熟悉楼层的太平门、安全出口和安全楼梯；仔细阅读客房门后的线路图。

④ 注意检查酒店为你所配备的用品是否齐全，有无破损，如有的不齐备或破损，请立即向酒店服务员或导游报告。

⑤ 不要将自己住宿的酒店、房间随便告诉陌生人，不要让陌生人或自称酒店的维修人员随便进入房间。出入房间要锁好房门，睡觉前注意房门窗是否关好，保险锁是否锁上，物品最好放于身边，不要放在靠窗的地方。

（5）宿营地的选择。

① 选择能防洪水、防塌方、防潮湿、防雷电、防火、防虫害袭击的地方。

② 不能设在山岩脚下、悬崖下、冲积丘上以及可能发生雪崩的地方。

③ 不要设在针叶或干枯灌木丛林区、若失火，蔓延很快。

④ 附近要有水源。

（6）旅游保险知识。

旅游活动多姿多彩，但作为一次活动过程，为防不测和万一，参加与旅游有关的保险是有益无害的。与旅游有关的保险有以下 3 种。

① 车船旅客意外伤害保险。

凡搭乘长途客车、轮船，从验票进站或中途上车（船），到到达旅程终点或下车、下船为保险有效期。根据发生的意外情况，给付保险金。保险费按标价的 5%计算。

② 旅客人身意外伤害保险。

在保险期限内，被保险人因意外伤害事故而致身残或丧失身体机能，按规定给付全数、半数或部分保险金额。

③ 住宿旅客人身保险。

保险期限 15 天，从住宿零时起开始算，满期可办理续保。一旦发生意外可根据客人人身伤害情况和财产损坏情况给付保险金。

（7）其他方面的知识。

在异地购物不要盲目轻信别人，切忌冲动从众，而要相信自己的判断，管住自己的钱袋，学会自我保护，做个成熟的消费者。有少数导游想尽办法把团队拉到给回扣的商店，任意延长购物时间，乐此不疲地为游客介绍、推荐物品，游客被温柔地宰一刀却还被蒙在鼓里。

有些特色商品，体积笨重庞大，随身携带很不方便，不宜购买。人在旅途，游山玩水、乘坐车船并不轻松，行李包越少越好。有些物品还可能易碎，稍不小心中途摔坏，更不必为此花冤枉钱。在某些风景区，经常可见有兜售假冒伪劣商品的，如珍珠、项链、茶叶之类，游客可要经得住低价和叫卖的诱惑。

如果在海边戏水，请勿超越安全警戒线，到酒店的健身房和游泳池锻炼时，要注意自我保护。不熟悉水性者，不得独自下水，切忌酒后下水，切记不可逞强，以免伤害自己。

（8）旅游突发病的紧急自救。

① 心绞痛。有心绞痛病史者，外出旅游时应随身携带急救药物。如发生心绞痛，首先让病人坐起，不可搬动，迅速将硝酸甘油片或救心丹等对症药片于舌下含服，以缓解病情。

② 心源性哮喘。奔波劳累，常会诱发心源性哮喘。病人首先应采取半卧位，并用布带轮流扎紧四肢中的三肢，每隔 5 分钟更换一次，可有效减少回心血量，减轻心脏负担，缓解症状。

③ 支气管哮喘。有哮喘病史的人，外出旅游时应备有喘康速等药物，因为旅游景点的花草可能会诱发哮喘。哮喘一旦发作，应立即在咽喉部喷以喘康速，一般均可奏效。

④ 胆绞痛。旅途中若摄入过多的高脂肪食物，容易诱发急性胆绞痛。发病时患者应平卧，迅速用热水袋敷于右上腹部，也可用大拇指压迫刺激足三里穴，以缓解疼痛。

⑤ 急性肠胃炎。由于旅途中食物或饮水不洁，极易引起急性肠胃炎。如出现呕吐、腹泻和剧烈腹痛，可口服痢特灵、黄连素或氟哌酸等药物，或将大蒜压碎后服下。

⑥ 关节扭伤。关节不慎扭伤后，切忌立即搓揉按摩，应立即用冷水或冰块冷敷受伤部位 15 ~ 20min，以减轻肿胀。然后用手帕或绷带扎紧扭伤部位，尽量减少活动。

⑦ 突然晕倒。切不可乱搬动病人，应就地取平卧位头偏向一侧，放松裤腰带和领扣，观察其脉搏和呼吸变化。如呼吸、脉搏正常，可用大拇指刺激人中穴使其苏醒；如出现呼吸停止，应立即采取口对口人工呼吸和胸外心脏按压的方法急救。

第三节　野外遇险的应对方法

野外活动范围相对广阔，在人们未知的情况下出现危险的比例相对较高，大学生就要在野外活动的过程中时时防范野外遇险的发生，出现了危险大学生要学会求救，保障生命的安全。通常，人们往往无力避免自然灾害在瞬间造成的伤害。但在减轻灾害方面，也并非无事可做，被动地等待救援并不可取，人们需要知道如何自救、互助，并减少损失。

一、野外植物中毒预防

在野外，大学生常常会出现食物中毒，大学生要掌握一定的辨别和救护知识，才能应付和及时处理，化解危险，赢得救治时间。

1. 食物中毒的分类

（1）细菌性食物中毒，有明显的季节性，一般在 5 ~ 10 月份最多，是食用被细菌污染或毒素污染的食物引起，是食物中毒中最常见的一类。

（2）有毒动物食物中毒，摄入了动物性中毒食品引起的，发病率较高，病死率因动物中毒种类而异，有一定的地区性，如河豚鱼中毒常见于清明前后的海河交界地区。

（3）真菌和毒素食物中毒，发病的季节性和地区性比较明显，（如霉变的甘蔗中毒经常发生在初春的北方），发病率和病死率都很高。

（4）化学性食物中毒，发病季节和地区均不明显，发病率和病死率一般都比较高，如有机磷农药中毒、毒鼠强中毒、亚硝酸盐中毒、砷中毒等。

（5）有毒植物食物中毒，毒蘑菇中毒较多见，桐油中毒、苦杏仁中毒、发芽的马铃薯中毒等。

2. 食物中毒的特征

（1）中毒病人一般具有相似的临床表现，常出现恶心、呕吐、腹痛、腹泻等症状。

（2）潜伏期短、呈爆发性。短时间内可能有多数人发病，发病曲线呈突然上升的趋势。

（3）食物中毒的发生与某种食物有关。中毒病人在相近的时间内都食用过同样的中毒食品，未食用者不发病。停止使用该食品后发病很快停止，发病曲线在突然上升后呈突然下降趋势，无余波。

3. 食物中毒的急救

洗胃。神志清醒者，用大量清水分次喝下后，用筷子、勺把或手指刺激咽喉部引起呕吐，初次进水量不超过 500ml，反复进行，直至洗到无色无味为止（但对腐蚀性毒物中毒时则不宜催吐，因为容易引起消化道出血或穿孔。处于昏迷休克也不宜催吐）。

4. 常见有毒植物

在野外活动时，尤其是在山地丛林中行进及寻找食物要十分小心。因为不仅是野生动物会伤人，植物也能伤人。甚至有些植物触摸就能引起伤害。另外，有些菌类食用后也会引起中毒，严重者将导致死亡。下面就介绍一部分有毒植物，在野外活动中小心对待。

（1）触摸就有害的植物。

一些植物，人一旦与其接触，就会受到严重刺激，引发皮疹。应立即用水冲洗受刺激部位。① 毒漆树。高 2～6m，树干无毛。奇性复叶，小叶卵形对生，背部有黑色腺点，白色浆果簇生。② 毒栎。与毒常春藤相似，但树型更小，直生。小叶卵形，三片，掌状复叶，白色浆果。③ 毒常春藤。树型更小，茎扭曲缠绕或直生。复叶上着生三小叶，叶形多变，绿色花，白色浆果。④ 宝石草。常与毒常春藤伴生。花瓣淡黄色，略带橙红色斑点，种荚爆裂时会射出刺激性汁液。

（2）食用消化性有毒植物。

一些植物，食用后会引起身体不适，严重者会危及生命。所以在野外食用植物要注意辨识。

① 狼毒草，又名叫断肠草。高 16.5～33cm，根浅黄色，有甜味。叶片呈线形，花黄色或白色，也有紫红色。全棵有毒，根部的毒性最大。吃后呕吐、烧心、腹痛不止，严重的可造成死亡。

② 夺命草，高约 30～60cm，茎基部着生长条形叶。花茎顶端生绿白色六瓣花。人们很容易将其误认为野百合或野洋葱。

③ 毒芹和水毒芹。分布广泛，都属于伞形科植物。具有伞形花序的植物种类很多，而且都密集簇生着许多小花，很难区分。高达 2m，茎多分枝，中空茎，外布紫色斑点。复羽状复叶对生，复伞房花序，小花白色，根也为白色。分布于荒川野草丛中。气味难闻，毒性很大。植株平均高为 0.6～1.3m，多分枝，茎上分布紫色条纹，密生根，奇数复叶，小叶双齿状裂，复伞房花序，白色小花簇生。总是分布在水边。气味令人难受，有毒。

④ 毛茛（猴蒜），属毛茛科，多年生草本。密被开展或贴伏的柔毛，基生叶和茎生叶具长柄。单歧聚伞花序，具少数花；花瓣 5，亮黄色，花冠直径 1.5～2.2cm。生于水边湿地、山坡草丛中。植株高度 30～70cm，分布在全国各地。

⑤ 荨麻树，热带地区广为分布，常依水而生，小型乔木，宽梭形叶片带刺毛，花枝下垂——很像栽培种荨麻。刺激皮肤的刺毛也类似荨麻，但毒害更大。种子毒性也很强。所以千万别去触碰荨麻的刺毛。

⑥ 苍耳子，又名耳棵。生长在田间、路旁和洼地。三四月份长出小苗，幼苗像黄豆芽，向阳的地方又像向日葵苗；成年后粗大，叶像心脏形，周围有锯齿，秋后结带硬刺的种子。全棵有毒，幼芽及种子的毒性最大，吃后可造成死亡。

⑦ 野生地，又名猪妈妈、老头喝酒。春天开紫红色花，有的带黄色，花的形状像唇形的芝麻花。根黄色，叶上有毛，有苦味。吃后吐、泻、头晕和昏迷。

⑧ 曼陀罗（山茄子），直立草本，高 1～2cm。叶宽卵形，长 8～12cm，宽 4～12cm，顶端渐尖，基部不对称楔形，长 5～13cm，宽 4～6cm，全缘或有波状短齿。花单生，直立；花萼筒状，稍有棱裂，长 4～6cm，顶端 5 裂，不紧贴花冠筒；花冠漏斗状，白色、紫色或淡黄色，常常有重瓣。蒴果近球形或扁球形。

⑨ 曲菜娘子，冬季根不死，春天出芽，长出小苗。叶狭长较厚而硬，边有锯齿，大部分叶子贴着地面生长，秋后抽茎，高 16.5～33cm 多。籽很小，上有白毛。幼苗容易和曲菜苗相混，但曲菜叶较宽而软，锯齿也不明显。吃了曲菜娘子脸部会变肿。

二、野外基本生存医学技巧

在野外活动，也一定要掌握一定的医学常理，这样的话就可以更好的保护自己的安全。主要包括以下几个方面。

（1）不要等到口渴的时候再去喝水，要定时补充水分以防止脱水。如果体力消耗很大，或者情况比较严重，可以适当增加水的摄入量。要喝足够的水，在炎热气候下，一天必须喝 1.8 ~ 3.6L 的水。在任何情况下都不要喝海水和尿液，尽管它们可以暂时止渴，但是实际上会造成更多的水分流失，导致脱水，喝多了还会导致死亡。

（2）保护双脚。在出发前要先试穿一下鞋子。每天都要清洗并按摩脚部，指甲要剪平。检查脚上有没有长水泡，如果长了水泡，不要弄破它。没有破损的水泡是不会感染病菌的。在水泡周围敷上药膏，记住不要直接敷在水泡上。如果水泡破了，要清洗干净，用绷带包扎好。

（3）由于剧烈的运动会出现呼吸道阻塞的情况，呼吸道阻塞的症状就是患者呼吸困难，大口大口地喘气，皮肤青紫，患者嘴唇、耳朵、手指周围的皮肤明显变青或者变得苍白，呼吸道阻塞容易导致肺部空气供给不足，造成脑部受损，最终导致死亡。

（4）要注意个人卫生。在任何情况下，清洁都是预防感染和疾病的重要因素。要注意防范蚊虫叮咬，以免传染病毒细菌，可以打一些疫苗、使用驱虫剂、穿适当的衣服等。

（5）在野外受伤的时候要注意伤口的清理、包扎，防止感染。在野外活动中偶尔会发生骨折、脱臼的事件，这就要求我们掌握一定的急救方法。可以找两块木板，将骨折的地方固定，保持长短一样，同时给两个夹板之间加上一个衬垫，利用身边的绳子等将身体顺着受伤的地方向下捆扎，同时还要定期检查，以防材料变松失去牵引作用。至于脱臼的情况，就要用人工牵引或者重物拉伸的方法把脱臼的骨头还原到原来的位置，然后找适当的木板把受伤的部位固定。

三、野外迷失方向的防范

野外地广人稀，处处存在不确定性因素，在一个陌生的环境里极其容易迷路，容易走失，这就要求大学生掌握一定的野外识别方向的技能，以防危险。

1. 利用阳光和阴影

太阳东升西落，但不是正东或者正西，而且不同的季节之间也有差别。在北半球，阴影由西向东移动，中午的时候指北。在南半球，阴影正午时指南。

2. 利用月亮辨别方向

因为月亮本身不发光，我们只有在月亮反射太阳光时才能看到他。如果月亮在太阳落山前升起，其发光的一侧指向西，如果月亮在后半夜升起，发光的一侧指向东。

3. 利用星辰辨别方向

以北极星为目标。首先找勺状的北斗七星，以勺柄上的两颗星的间隔延长，就能在此直线上找到北极星，北极星所在的方向就是正北方。

4. 利用地物判断

（1）独立的大树通常南面枝叶茂盛，树皮光滑，北面树枝稀疏树皮粗糙。其南面，通常青草茂密，北面较潮湿，长有青苔。

（2）森林中空地的北部边缘青草较茂密。树桩断面的年轮，一般南面间隔大，北面间隔小。

（3）在岩石众多的地方，你也可以找一块醒目的岩石来观察，岩石上布满青苔的一面是北侧，干燥光秃的一面为南侧。

（4）春季积雪先融化的一面朝南方，后融化的一面朝北方。坑穴和凹地则北面向阳融雪较早。北方冻土地带的河流，多为北岸平缓南岸陡立。

5. 利用风向

风是塑造沙漠地表面形态的重要因素，沙丘和沙垄的迎风面，坡度较缓；背风面，坡度较陡。我国西北地区，由于盛行西北风，沙丘一般形成西北向东南走向。沙丘西北面坡度小，沙质较硬，东南面坡度大，沙质松软。在西北风的作用下，沙漠地区的植物向东南方向倾斜。蒙古包的门通常也朝向背风的东南方向。冬季在枯草附近往往形成许多小雪垄、沙垄，其头部大尾部小，头部所指的方向就是西北方向。

四、野外遇险求救方法

在野外被困的事件时有发生，危险无可避免，在遇到危险的时候我们不能坐以待毙，要学会一定的求救办法，掌握时间和时机，尽快让自己摆脱危险。

1. 烟火信号

燃放3堆火焰是国际通行的求救信号，将火堆摆成三角形，每堆之间的间隔相等最为理想，这样安排也方便点燃。如果燃料稀缺或者自己伤势严重，或者由于饥饿，过度虚弱，凑不够三堆火焰，那么点燃一堆也行。有时候不可能让所有的信号火种整天燃烧，这种情况下应随时准备妥当，使燃料保持干燥，一旦有任何飞机路过，就尽快点燃求助。在白天，烟雾是良好的定位器，火堆上添加些绿草、树叶、苔藓都会产生浓烟，浓烟升空后与周围环境形成强烈对比，易受人注意。其实，任何潮湿的东西都产生烟雾，潮湿的草席可熏烧很长时间，同时飞虫也难以逼近伤人。晚上可放些干柴，使火烧旺，使火苗升高。

2. 声音信号

如距离较近，可大声呼喊或用木棒敲打树干，吹哨子，打击金属器皿，让声音尽量大地传播，同时要不间断地呼救，让救援人员更加准确地确定你的位置。

3. 反光信号

利用阳光和一个反射镜即可射出信号光。任何明亮的材料都可加以利用，让光线任意传播，随意反照，引人注目。如果自己体力有限，那么就要注意环视天空，如果有飞机靠近，就快速反射出信号光。这种光线或许会使营救人员目眩，所以一旦确定自己已被发现，应立刻停止反射光线。

4. 旗语信号

将一面旗子或者布固定在一根木棒上，使劲挥舞，这样人们就会顺利地发现你的位置，尽快实施救援。

5. 抛物求救

在高处遇险被困时，可以通过抛掷软物，如书本、衣服、塑料瓶子，引起下方人的注意并指示方位。

6. 留下信息

当离开危险地时，要留下一些信号物，以备让救援人员发现。地面信号物使营救者能了解你的位置或者过去的位置，方向指示标有助于他们寻找你的行动路径。一路上要不断留下指示标，这样做不仅可以让救援人员追寻而至，在自己希望返回时，也不致迷路，如果迷失了方向，找不着想走的路线，它就可以成为一个向导。

7. 摩尔斯电码信号

用摩尔斯电码发出 SOS 求救信号，是国际通用的紧急求救方式。“S”表示为 3 个短信号；“O”表示为 3 个长信号。长信号的时间是短信号时间的 3 倍。这样“SOS”就可以用“三短，三长，三短”的任何信号来表示。可以用光线、声音形式发送，每发一组，停顿片刻再发下一组。也可以在空地上用树枝、石头摆出“SOS”字样，每字至少长 6m，以利于空中搜救人员识别。

掌握一定的野外求生技巧，保障自己的生命安全，缩短救援时间，人们的生命安全才能得到更大的保障。

五、野外生存常识

在野外人们所携带的饮用水和食物是一定的，在人们出现任何事故的情况下，饮用水和食物就会出现短缺，这就要求我们学会在野外寻找食物和水源。

1. 野外寻找水源

在许多干旱的沙漠、戈壁地区，生长着柽柳、铃铛刺等灌木丛，这些植物告诉我们，这里地表下就有地下水。

① 在南方，根深叶茂的竹丛不仅生长在河流岸边，也常生长在与地下河有关的岩溶大裂隙、落水洞口的地方。例如，在广西许多岩溶谷地、洼地，成串的或独立的竹丛地，常常就是大落水洞的标志。这些落水洞，有的在洞口能直接看到水，有的在洞口看不到水，但只要深入下去，往往能找到地下水。

② 在野外如果碰见下雨的天气，可以利用随身携带的容器的收集雨水来饮用，但是要注意保持干净，以防感染细菌。

③ 海水的淡化。可以将海水冻结，然后用热水煮开，或者是用具有一定过滤功能的东西进行过滤、净化。

④ 还有一些植物的根茎可以饮用来摄取水分。

2. 野外寻找食物

（1）可以食用的植物：山葡萄、沙棘、椰子、木瓜、蒲公英、荠菜、野苋菜、芦苇等。

① 山葡萄，又名野葡萄，是葡萄科落叶藤本。藤可长达 15m 以上，树皮暗褐色或红褐色，藤匍匐有的盘在其他树木上。卷须顶端与叶对生。单叶互生、深绿色、宽卵形，秋季叶常变红。圆锥花序与对生，花小而多、黄绿色。雌雄异株。果为圆球形浆果，黑紫色带兰白色果霜。花期 5 ~ 6 月，果期 8 ~ 9 月。山葡萄喜生于针阔混交林缘及杂木林缘，在长白山海拔 200 ~ 1 300m 经常可见，主要分布于安图、抚松、长白等长白山区各县。山葡萄味甘酸、微涩，性平，无毒。山葡萄含丰富的蛋白质、碳水化合物、矿物质和多种维生素，生食味酸甜可口，富含浆汁，是美味的山间野果。

② 沙棘，属于落叶灌木或乔木，高 5 ~ 10m，具粗壮棘刺。枝幼时密被褐锈色鳞片。叶互生，线性或线状披针形，两端钝尖，下面密被淡白色鳞片；叶柄极短。花先叶开放，雌雄异株；短总状花序腋生于头年枝上；花小，淡黄色，雌花花被筒囊状。果为肉质花被筒包围，近

球形，橙黄色。生于河边、高山、草原。果实呈类球形或扁球形，有的数个粘连，单个直径 5～8mm。表面橙黄色或棕红色，皱缩，基部具短小果梗或果梗痕，顶端有残存花柱。果肉油润，质柔软。种子斜卵形，长约4mm，宽约2mm，表面褐色，有光泽，中间有1纵沟，种皮较硬，种仁乳白色，有油性。

我国是沙棘属植物分布区面积最大，种类最多的国家。目前有山西、陕西、内蒙古、河北、甘肃、宁夏、辽宁、青海、四川、云南、贵州、新疆、西藏等19个省和自治区都有分布，总面积达1 800万亩。

③ 蒲公英，多年生草本植物，高10～25cm，含白色乳汁。根深长，单一或分枝，外皮黄棕色。叶根生，排成莲座状，狭倒披针形，大头羽裂或羽裂，裂片三角形，全缘或有数齿，先端稍钝或尖，基部渐狭成柄，无毛蔌有蛛丝状细软毛。花茎比叶短或等长，结果时伸长，上部密被白色珠丝状毛。头状花序单一，顶生，长约3.5cm；总苞片草质，绿色，部分淡红色或紫红色，先端有或无小角，有白色珠丝状毛；舌状花鲜黄色，先端平截，5齿裂，两性。瘦果倒披针形，土黄色或黄棕色，有纵棱及横瘤，中产以上的横瘤有刺状突起，先端有喙，顶生白色冠毛。花期早春及晚秋。整株植物匍匐于地上，叶如荠菜，只是稍大，无挺立茎，花从植株中心冒出。多分布于北半球。我国的东北、华北、华东、华中、西北、西南各地均有分布。生于道旁、荒地、庭园等处。

④ 荠菜，荠菜为十字花科荠菜属中一二年生草本植物。荠菜根白色。茎直立，单一或基部分枝。基生叶丛生，挨地，莲座状、叶羽状分裂，不整齐，顶片特大，叶片有毛，叶耙有翼。茎生叶狭披针形或披针形，基部箭形，抱茎，边缘有缺刻或锯齿。

开花时茎高20～50cm，总状花序顶生和腋生。花小，白色，两性。萼片4个，长圆形，十字花冠。短角果扁平。呈倒三角形，含多数种子。荠菜属耐寒性蔬菜，要求冷凉和晴朗的气候。

⑤ 野苋菜，一年生草本，高10～80cm。茎斜上，基部分枝，微具条棱，无毛，淡绿色至暗紫色。叶片卵形或菱状卵形，长1.5～4.5cm，宽 1～3cm，顶端钝圆而有凹缺，基部阔楔形，全缘；叶柄长 1～3.5cm。花簇生叶腋，后期形成顶生穗状花序；

苞片干膜质，矩圆形；花被片3，细长圆形，先端钝而有微尖，向内曲；雄蕊3；柱头3或2，线形。胞果球形或宽卵圆形，略扁，近平滑或略具皱纹，不开裂。花期6～7

月。生于田野、路旁、村边。分布我国南北各地。

⑥ 芦苇。多年水生或湿生的高大禾草，生长在灌溉沟渠旁、河堤沼泽地等。芦苇的植株高大，地下有发达的匍匐根状茎。茎秆直立，秆高 1 ~ 3m，节下常生白粉。叶鞘圆筒形，无毛或有细毛。叶舌有毛，叶片长线形或长披针形，排列成两行。

芦苇生长于池沼、河岸、河溪边多水地区，常形成苇塘。世界各地均有生长，在我国则广布,其中以东北的辽河三角洲、松嫩平原、三江平原，内蒙古的呼伦贝尔和锡林郭勒草原，新疆的博斯腾湖、伊犁河谷及塔城额敏河谷,华北平原的白洋淀等苇区，是大面积芦苇集中的分布地区。

（2）可以食用的动物：蜗牛、蚯蚓、蚂蚁、知了、蟑螂、蟋蟀、蝴蝶、蝗虫子、蚱蜢、螳螂等。

① 蝗虫子。通常为绿色、褐色或黑色，头大，触角短；前胸背板坚硬，像马鞍似的向左右延伸到两侧，中、后胸愈合不能活动。脚发达，尤其后腿的肌肉强劲有力，外骨骼坚硬。主要分布在沿海莎草滩、重盐碱草滩、阔叶草为主的低湿草滩等。

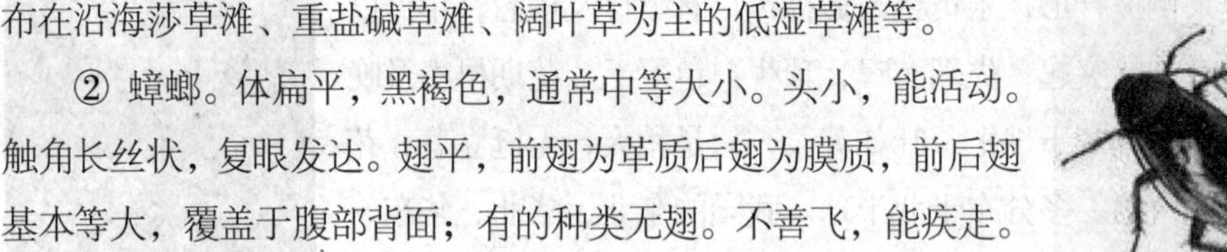

② 蟑螂。体扁平，黑褐色，通常中等大小。头小，能活动。触角长丝状，复眼发达。翅平，前翅为革质后翅为膜质，前后翅基本等大，覆盖于腹部背面；有的种类无翅。不善飞，能疾走。主要分布在热带、亚热带地区。生活在野外或室内。

③ 蚱蜢，无脊椎动物，昆虫纲，直翅目，蝗科，蚱蜢亚科昆虫的统称。我国常见的为中华蚱蜢，雌虫较比雄虫大，体绿色或黄褐色，头尖，呈圆锥形；触角短，基部有明显的复眼。多分散在田边、草丛中活动。南方各省分布较多。

④ 蟋蟀。蟋蟀穴居，常栖息于地表、砖石下、土穴中、草丛间。夜出活动。杂食性，吃各种作物、树苗、菜果等。蟋蟀多数中小型，少数大型。黄褐色至黑褐色。头圆，胸宽，丝状触角细长易断。咀嚼式口腔。有的大颚发达，强于咬斗。前足和中足相似并同长；后足发达，善跳跃；尾须较长。前足胫节上的听器，外侧大于内侧。全世界已知约 2 500 种，中国已知约 150 种，蟋蟀是中国东北地区、华北地区、长江下游和华南地区的重要农业害虫。

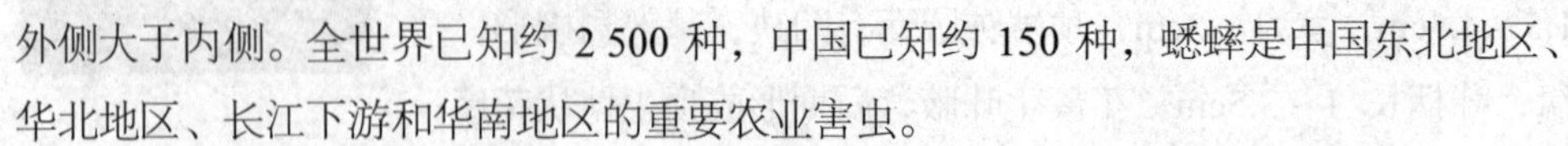

（3）寻找食物注意事项。

在采摘植物时要选择绿色嫩枝、块茎、球状根、果实，不要采集有乳白色汁液的植物，不要采集颜色鲜亮的食物。吃之前先切下一段闻闻，也可以取汁涂抹在手臂，感觉不适立即丢弃，以防中毒。

在捕食动物的时候要注意了解动物的习性，观察它们出没的地点，同时尽量不要去侵犯那些攻击力相对较强的动物，以防受伤。

（4）危险动物。

在野外是动物的天堂，各种各样的动物悉数可见，所以说在野外活动的时候要加强对动物的防范。一旦遇见兽类，应迅速强迫自己冷静下来，正视它的眼睛，让它看不出你下一步的行动。你要保持警惕，但不要主动发动攻击，不要背对对方，要面对对方，慢慢向后退。同时不能让它看出你想逃跑，如果它跟进则应立即停止后退。下面我们简单介绍几种比较危险的动物，希望同学可以加强防范。

① 蛇。

蛇类喜欢栖息在温度适宜，距水源较近、食物丰富，捕食方便、易于隐身的环境中。多在坟丘、石缝、老鼠或田鼠遗弃的洞穴栖息。对周围环境温度极为敏感，温度在20℃～30℃条件下，蛇活动极为频繁；13℃以下寻找温暖处冬眠：30℃以上常到阴凉处栖息或到水中洗澡。为防止毒蛇咬伤，我们要注意以下几点。

进入森林巡护应穿好衣服，尤其要穿好鞋、袜，并把裤腿扎紧，如有可能最好打上绑腿。因在地面活动的毒蛇多半咬行人的下肢，尤其是脚部。

林中行走时，对横在路上可以一步跨越的树干不要一步跨过，应先站上树干，看清楚再走，因为蛇爱躲在倒树下休息，一步跨过很可能踩上蛇身被咬。坐下来休息时，先用木棍将周围草丛打几下将蛇惊走。

由于大多数毒蛇不主动攻击人，而且对地面的震动特别敏感，可用手杖、树枝敲打地面探路，将蛇赶走。栖息在树上的毒蛇，如竹叶青，颜色与树叶相同，难以分清；因而穿越树林时需戴上帽子，以防头部被咬，如无帽子可临时用布或衣服制作一顶。

碰到蛇的主动攻击，不要慌张，稳妥的办法是轻轻地拿出东西向一边抛去，或用其他办法在旁边发出动作震动，引诱蛇向一边扑去，这时，才可以逃走或设法打死它。

夜间在森林中行走或活动要携带必要的照明工具和急救药品。使用手电，尽量不用火把，有颊窝的毒蛇，能感应到火把的红外线，会误以为是猎物，进行攻击。

被蛇咬伤后，会留下八字形的伤口，如系毒蛇所咬，会在伤口前段留下两个比其他牙痕显著要大的毒牙痕迹。被毒蛇咬伤后，不要作剧烈运动，如猛跑，哭喊等。这样会加速血液循环，加快中毒速度。被毒蛇咬后，通常要几小时或好几天会使人致死。毒蛇咬后，有时伤口剧痛，有时并不很痛，这是因为毒蛇的毒液因种类不同。毒液可分为血循毒、神经毒和混合毒3类。神经毒麻痹人的神经，所以不太疼，遇到这种情况，千万不可麻痹大意。银环蛇属神经毒，被咬后伤口不疼，容易被忽视。

被蛇咬伤后，立即在伤口上方向用止血带或布条、绳子等结扎，阻止毒素蔓延到其他部位。扎的松紧程度，以阻断淋巴管和静脉的血流，不妨碍动脉供血为好，这样伤口周围形成淤血区便于吮吸。结扎应在被毒蛇咬后立即进行，越快越好。30分钟后再处理已没有什么作用。如有条件，伤部用冰敷，以减慢毒素吸收。结扎每隔15分钟松开1~2分钟，以防局部缺血，待作彻底排毒后方可除去。结扎后立即用盐水、高锰酸钾溶液、或温开水、清水冲洗伤口，用小刀将残留的毒牙除去，将牙痕间的皮肤切开使之出血，流血不止的伤口禁止切开。注意掌握切口深浅，太浅毒液不能排出，切得太深又可能伤及神经肌腱，后果会更严重。因此最好用针在伤口周围扎些小孔，使血液和组织液从中流出，组织液中排出的毒素要比血中排出的多。不提倡用口吸吮毒液的方法，因口中常有小块粘膜破伤，不易察觉。最好用拔火罐的方法吸出毒液。为了抑制蛇毒的作用，咬伤后立即用各种蛇药，如季德胜蛇药片，蛇伤急救盒内的蛇药在伤口敷用。也可采集七叶一枝花、半边莲等草药服用及外敷。如果因蛇伤引起中毒性休克、呼吸衰竭，要采用在红十字会培训时学的心肺复苏术，维持呼吸道通畅，并进行人工呼吸和胸外心脏按压。

② 蝎子。

世界各地的沙漠、丛林和热带、亚热带的森林都会出现蝎子。被蝎子叮咬致死的情况不多见，但是在儿童、老人和病人中却是经常出现的，蝎子有一个竖立的顶端带刺的肢节尾巴，人们都应该认识，蛰人时毒液由此进入伤口。蝎毒内含毒性蛋白，主要有神经毒素、溶血毒素、出血毒素及使心脏和血管收缩的毒素等。

被蝎子蛰伤处常发生大片红肿、剧痛，轻者几天后症状消失，重者可出现寒战、发热、恶心呕吐、肌肉强直、流涎、头痛、头晕、昏睡、盗汗、呼吸增快等，甚至抽搐及内脏出血、水肿等病变。一旦被蝎子蛰伤，处理方法基本同毒蛇咬伤，若蛰在四肢，应立即在伤部上方（近心端）约2~3cm处用手帕、布带或绳子绑紧，同时拔出毒钩，并用挤压、吸吮等方法，尽量使含有毒素的血液由伤口挤出，必要时请医生切开伤口吸取毒液，然后用3%氨水、5%苏打水或1∶5 000高锰酸钾液洗涤伤口，或将明矾研碎用醋调成糊状涂在伤口上。伤口妥善处理后即可将绑扎带松开；根据情况，可预防性应用一些抗生素，中毒严重者及儿童，应立即送医院救治。野外预防蝎子侵害应首先清除住宿地周围砖瓦、石块、杂草枯叶,使蝎子无栖息场所。夜晚活动以灯光或手电筒照明，防止在黑暗中直接以手触到。

③ 野蜂。

蜂一般不主动攻击人，所以人不要主动攻击蜂巢，要避免闯入它们的活动区域。有零星的黄蜂在身边飞舞时，不必惊慌，不要拍打，尽快用衣物包裹暴露部位，蹲伏不动。遇到黄蜂，千万不能跑：黄蜂对气流非常敏感，人一跑会产生气流，刺激黄蜂，黄蜂群会顺着气流“蜂拥而上”一路追击你。正确的方法是迅速蹲下，用衣服把身体裸露的部分包上。

被黄蜂螫后皮肤会立刻红肿、疼痛，甚至出现瘀点和皮肤坏死；眼睛被蛰时疼痛剧烈，流泪，红肿，可能发生角膜溃疡。全身症状有头晕、头痛、呕吐、腹痛、腹泻、烦躁不安、血压升高等，以上症状一般在数小时至数天内消失；严重者可有嗜睡、全身水肿、少尿、昏迷、溶血、心肌炎、肝炎、急性肾功能衰竭和休克。部分对蜂毒过敏者可表现为荨麻疹、过敏性休克等，甚至有生命危险。

被蜂蜇伤后，要仔细检查伤处，如果皮内留有毒刺，应先将它拔除。若被蜜蜂蜇伤，因蜜蜂毒液是酸性的，故可选用肥皂水或 3%氨水、5%碳酸氢纳液、食盐水等洗净伤口。黄蜂的毒性比较大，是偏碱性的，如果被黄蜂蜇伤，要用食醋洗敷，也可将鲜马齿苋洗净挤汁涂于伤口。

④ 狼。

狼是最危险的动物。一头狼并不危险，但是，狼大多是群体活动。如果在行进中发现只有一头狼，千万不要轻视它，特别是当它远远跟随的时候。狼很少独自发起攻击，当它认为不能独立获取猎物时，会通知其所在群体，并远随猎物之后，在路途中留下记号，吸引更加多的狼加入，入夜时分即会发起攻击。当发现有狼跟随时，尽快回到公路或安全营地。狼怕火，可以利用这一点脱险。千万不要想着把那只跟随的狼消灭即可脱险，相反，这样只会引发狼群的仇恨，当狼群想复仇或想救援被捕捉的狼时，会召集其他狼群一起进攻，这时，火也无法让其退缩。

⑤ 蚂蟥。

蚂蟥分旱地蚂蟥和水蚂蟥等多种。旱地蚂蟥一般生长在潮湿、低海拔的地方，多活动在道路边的草丛上。

预防蚂蝗叮咬的方法：在热带丛林中行走要穿长裤，将袜筒套在裤腿外面，以防蚂蟥钻附人体。行进中，应经常注意查看有无蚂蟥爬到脚上。如在鞋面上涂些肥皂、防蚊油，可以防止蚂蟥上爬。涂一次的有效时间约 4 ~ 8 小时。蚂蟥和蛇类对生蒜的气味也不敢靠近，将大蒜汁涂抹在鞋袜和裤脚，也能起到驱避蚂蟥的功效。宿营的地方应选择在比较干燥、草不多的地方，不要在湖边、河边或溪边宿营。休息时经常检查身上有无蚂蝗叮咬，如有蚂蝗应及时除去。经过有蚂蝗的河流、溪沟时，应扎紧裤腿，上岸后应检查是否附有蚂蝗。尽量喝开水，不喝有寄生蚂蝗的水。细小的幼蚂蝗不易被发现，喝进后会在呼吸道、食道、尿道等处寄生。

蚂蝗叮咬的处理方法：千万别用手去把它拔下来，因为蚂蟥有两个吸盘，很可能你会适得其反，令它吸得更紧。同时硬拔，会让它的口器断落于皮下，引起感染。可以拍拍手臂大腿或其他被叮咬的地方，这种震荡会使蚂蟥脱落。在蚂蟥身上涂浓盐水、肥皂水、烟油、酒、醋等，很快蚂蟥就会掉下地来。用火也可以让蚂蟥吃不消，用火柴或香烟烤一下它即可。也可用刀子将其刮下。实在无法时，让它吸饱血自然脱落。蚂蟥脱落以后，对于被叮咬的伤口要进行必要处理，不然会引起感染。可以涂一些碘酒或酒精消毒。

⑥ 猫狗咬伤后的急救。

现在很多的家庭都在饲养着各种各样的宠物，被这些宠物咬伤的事件也是屡见不鲜了，所以人们在宠爱这些动物的时候也要掌握适当的急救知识，这样才能更好地保护自己的安全。

被猫狗等动物咬伤后的马上反应就应该是清洗伤口，以最快速度把沾染在伤口上的狂犬病毒冲洗掉，而且要彻底。冲洗时，尽量把伤口扩大，让其充分暴露，并用力挤压伤口周围软组织，而且冲洗的水量要大，水流要急。

伤口不可包扎。因为狂犬病毒是厌氧的，在缺乏氧气的情况下，狂犬病病毒会大量生长。伤口清洗后尽快到医院找医生注射疫苗，防止病毒感染。

切忌被狗、猫咬伤后，伤口不作任何处理，只涂上红药水包上纱布；切忌长途跋涉赶到大医院求治，应就近医治。

思考题

1. 大学生如何才能增强交通安全意识？
2. 大学生在交通安全事故中如何实施救护？
3. 大学生外出旅游要注意哪些安全事项？
4. 大学生外出旅游时发生意外如何处置？

第12章

保障实习的合法权益

Chapter 12

参与勤工助学、上岗实习是高校学生社会实践的重要途径，也是大学生成材的重要基础。针对大学生在勤工助学、上岗实习活动的过程中合法权益不断被侵害的社会现象，本章节分析出了这一现象的原因，并提出了加强大学生在勤工助学、上岗实习合法权益的保护对策。

第一节　遵守公司实习规程

在顶岗实习前，建议要熟悉实习单位的规章制度，熟悉所从事工作的岗位规范。俗话说："各家有各家的规矩"，新进企业的实习生一定要认真学习企业规章制度和岗位操作规范，争取顺利踏入企业"大门"，避免因不懂规矩而导致初来就犯错误。

一、熟悉岗位　遵章守纪

遵章守纪、规范操作、安全生产既是现代企业管理的重中之重，也是评价实习生工作态度和绩效的主要内容，更是保障自身安全、保护他人生命安全和维护国家财产安全的需要。实习的同学要忠实地履行岗位责任，自觉执行岗位规范。如果能做到无论在任何时候、任何情况下都不违规、不违纪、不违法，就有机会先于别人走向成功。

【案例1】工作服也关系到安全

某品牌汽车世界闻名，在一辆汽车上就有数十台控制电脑，控制着车的各个系统。可是有一段时期，该品牌汽车上的控制电脑维修更换率很高，这一现象引起了公司的关注。经过调查发现，客户直接保修控制电脑的现象并不多见，控制电脑保修多发生于该车辆保养与维护之后，难道控制电脑损坏与维修人员操作不当有关？

经过科研人员的深入调查与研究最终发现：维修人员在汽车维修与保养中，常常未按规定穿着工作服，而含棉量低于50%的服装易产生静电，也就是静电损坏了汽车控制电脑。根据研究结果，汽车公司要求维修工必须穿着公司所发的含棉量高于50%的工装。这项制度实行后，问题自然而然就解决了。一件普通的工作服竟然关系到产品的质量，关系到汽车用户的安全。遵守岗位规范就从穿着工装开始吧！

员工自觉遵守职业纪律、遵守单位各种规章制度是安全生产、文明生产、优质服务的要求。"不穿工作服会损坏控制电脑"，看似简单的工作服却关系到产品的质量。因为一个小小的疏忽——未穿工作服或没戴工作帽，结果导致了严重的损失或身体伤害，这些事例应该能引起同学们的内心触动和高度警惕。

但仍可能有一些同学会不以为然，认为自己所从事的工作就不必穿工装，穿工装也只不过是一种形式罢了。是的，穿工装可能是一种形式，但这种形式的背后正体现出企业要求员工必须具备一定的安全意识和职业纪律意识。

1. 实习安全教育须知

（1）实习生应重视实习前的安全教育，并在专人指导下学习并掌握有关的安全操作知识和技能。服从领导，虚心向技术人员、工人师傅学习，不得违反各项规章制度，确保生产安全。

（2）加强安全知识学习与运用。如机械零件加工过程中对工件尺寸的测量，要求必须在机床完全停止转动后方可进行；加工的铁屑只能够用铁钩清理，不允许用手直接清除。但这些基本知识，却往往会被同学们忽略。

（3）工作前，应准确了解企业内特殊危险的工区、地点及物品。应了解并掌握需要使用的机器、设备或工具的性能、特点、安全装置和正确操作程序及维护方法等。

（4）正确使用和保管个人劳动防护用品，保持工作场所的整洁。须按规定穿着工作服，戴好工作帽，穿着防护鞋等，切忌着装随意。不同工作场所对着装衣料和着装要求区别很大，随意着装，容易发生事故。

获得劳动保护是劳动者拥有的权利。实习生作为劳动者有权要求单位提供安全的劳动条件和必要的劳保用品，并采取有效措施预防职业病的发生。

2. 发生险情或事故时要冷静处理迅速救治

（1）发生险情时，要沉着冷静。

（2）发生伤害后，要迅速救助。伤情严重者要迅速送医院救治。伤情严重，但不能搬动的伤者，要及时拨打急救电话，等候医护救援人员前来处理。

3. 实习过程中遇到紧急情况的处理

（1）实习生在商贸、旅游服务等行业顶岗实习时，除防止自己物品、商品被盗窃以外，也要有保护顾客财物的意识。要随时提醒顾客保管好自己的物品，以防被窃。发现可疑人员，要及时、巧妙地提醒顾客保护好自己的财物，避免损失。

（2）若发生商品或顾客物品丢失事件，要保护好现场并及时向保卫部门报案、向领导汇报，及时排查线索，争取挽回经济损失。

（3）若发生顾客突发疾病或受伤事件时，要采取急救措施并及时向上级领导汇报情况，争取援助。

二、规范操作 安全生产

安全生产是党和国家的一贯方针和基本国策，是保护劳动者的安全和健康、促进社会生产力发展的基本保证，也是保证社会主义经济发展、进一步实行改革开放的基本条件。然而近期全国各地特大安全事故频发。这些事故不但造成国家财产损失和人员伤亡，而且在社会上造成非常恶劣的影响。因此，大学生作为我国生产力发展的生力军，理应具备规范的操作意识，养成安全生产的习惯。

【案例 2】违章操作酿惨案

总共吞噬了 309 条人命的洛阳某商厦特大火灾，竟然源于 4 名无证电焊工的违章作业，这几名电焊工在引发火患后竟然没有报警就逃离现场，结果使大火一发不可收拾。

公安部专家组经过在火灾现场勘查后认定，2009 年 12 月 25 日的洛阳特大火灾事故是在合资公司非法进行电焊施工中，由于电焊工王某违章作业引起的。

当晚 9 点左右，王某等 4 名无证上岗的电焊工在商厦地下一层焊接跟地下二层分隔的铁板时，电焊火渣溅落到地下二层的易燃物上引发火患，王某等人用水扑救无效后竟然没有报警就匆忙逃离现场，并订立“攻守同盟”。

2009 年 12 月 27 日上午，事故后逃逸的 4 名电焊工全部被警方抓获，4 人都对违法行为供认不讳。公安消防、刑事侦查人员和技术专家已经在起火点上部的铁板处查获电焊机、电焊枪、电焊条，并在起火点提取了电焊后形成的焊渣，认定火灾是电焊渣溅落到地下二层的易燃家具、绒布上造成的。

规章制度既是约束，更是保护。从此案中我们得到什么启示呢?

4 名无证电焊工的违章作业引发洛阳某商厦特大火灾，吞噬了 309 条生命，给国家造成巨大损失，给数百个家庭带来巨大灾难，4 名工人也受到法律的制裁。非法施工、违章作业、违规操作就是惨案的罪魁祸首。

根据国际劳工组织统计，全球每年因工伤死亡人数高达 82 万，平均每天死亡达 2 200 人，而违法施工，违章、违规操作是造成人员死亡的主要原因之一。

比如说，制造业的每道工序都有相应的工艺规范，需要员工一丝不苟地严格执行，这是保证产品质量的重要前提。就拿汽修某部件上拧螺丝工序来说，4 个螺丝每个要拧 12 下，操作规程要求：每个螺丝拧 4 下，按顺时针进行，三次循环拧完。按照规范进行的部件可以保持生产多年正常运转。而有的员工“玩小聪明”，每个螺丝一次拧完，经常会造成螺丝断裂，即使不断裂能拧成功，产品寿命也大大缩短，并且隐藏着很大的安全隐患。

第二节　防止实习权益受侵

现在的大学生在校的课程相对比较轻松，自己的空余时间比较多，在课余时间做点什么来丰富自己的大学生活成为很多学生所要面对的问题。作为一个大学生，他们已经拥有了一定的独立生存能力，可以承担起一定的社会责任，通过自己的努力来减轻家庭的负担，所以很多的大学生都会选择在课余时间外出做兼职，这样不仅可以赚到自己的生活费用，也可以增长社会经验，但是由于大学生的社会经验不足，加之社会常识的缺乏，常常会陷于某些犯罪分子的陷阱之中，甚至有时不仅仅是财产遭受损失，人身安全也可能受到威胁。作为大学生必须学会识别外出兼职中的陷阱，在权益遭受侵害的时候，要学会利用法律维护自己的合法权益。

一、校外勤工助学、兼职的安全问题

大学生通过参加勤工助学直接与社会接触，但是由于某些非法分子的参与，大学生在校外勤工助学、兼职的时候，面临很多不安全因素，因此要加强对兼职陷阱的安全防范。

1. 勤工助学、兼职中常出现的安全隐患

（1）兼职外出过程中的交通安全隐患。在外出的过程中交通问题不容忽视，交通的拥挤与疏忽往往会酿成不可弥补的损失，大学生外出过程中不注意遵守交通规则，不按照规章制度行车等会带来意外伤害。

（2）兼职工作过程中的安全隐患。大学生在进行勤工助学过程中，侵权现象时有发生，如用人单位不履行协议而让学生做约定外的工作，有些户外工作往往缺乏安全保障等。

（3）陷入违法犯罪分子的诈骗圈套，被违法分子利用。有些不法分子利用大学生涉世不深，以各种优厚条件为诱饵骗取学生信任，从而把学生作为其进行违法活动的工具，如非法传销组织或其他非法组织。

（4）寻找兼职信息过程中的中介欺诈隐患。由于大学生打工的人数越来越多，社会上也随之出现了各种各样的中介组织，这就难免会有一些只以盈利为目的的非法中介鱼目混珠，这些中介组织工作来源往往很不可靠，不能给学生提供足够的安全保障，往往在收取学生中介费用后，便撒手不管，或了无踪迹。所以大学生找工作一定要通过正规中介机构，谨防上当受骗，给自己的人身造成伤害。

（5）兼职过程中可能出现的安全隐患。兼职过程中可能会遇到虚假网络信息，以及娱乐场所高薪招工，对于以上情形，需提高警惕，谨防上当受骗，必要时可以拨打110进行报警。

2. 学校和大学生采取的预防措施

（1）学校方面采取的预防措施。

学校应该保障家教来源上的安全可靠，帮助大学生获得安全的家教信息来源，从

源头上尽可能地减少安全隐患。

学校的勤工助学部门应该尽最大力量提供机会，同时学校后勤部门也应设法提供大量兼职岗位，因为校内的岗位能够最大限度地保证学生的权益。

学校要加强学生工作安排之后的监督管理，及时与用人单位和学生沟通，如有问题要及时处理，避免自己的学生受到权益上的威胁。

学校应多开展相关讲座，通过讲座，使大学生对打工过程中的常识和基本规则有一些初步了解。

学校应多开展“大学生维权”讲座，通过讲座，使大学生知法懂法，了解自己应该享有什么样的劳动权益；同时，也明白一旦自己的权利受到侵害，可以通过什么样的法律途径来维护自己的合法权益。

（2）大学生个人采取的预防措施。

学生参加勤工助学工作应遵循国家相关法律，参加兼职工作也必须遵纪守法，提高辨别能力，不从事违法的工作。在做校外兼职之前，需问清工作的性质、时间、地点、形式、待遇等细节，并仔细斟酌，再作决定。大学生勤工助学都需要与用人单位签定协议书。兼职家教要和家长签定协议书，在签定的协议书上必须确定家长的工作单位和联系方式，协议签订前需查看证件，明确身份，只有具备协议书，才能开始工作。对于基本上无安全隐患的兼职工作，可以不签定协议书；对于长期的固定工作，由用人单位、学生代表和勤工助学中心三方签定一式三份的协议书，明确各方的权利和义务，明确用人单位信息。

大学生应该对存在较大安全隐患的家教及兼职工作不予参与，比如家教的讲课地点可疑，兼职招收主要是女生而又对相关单位以及负责人的信息了解不全的。在兼职工作之前，如果兼职单位以任何借口向学生收取费用（如押金、有效证件、服装费等），学生应拒绝接受。如到公司上岗之前，如果公司要求培训，并借此收取学生培训费时，大学生一定要小心谨慎对待，必要时做好了解公司的详细情况的工作，防止交完培训费以后公司借各种理由推迟工作，谨防上当受骗，避免自己的经济利益受损。

做兼职的同学务必与管理人员联系并登记备案，将自己做兼职所在单位、联系人、联系方式等告知亲人及同宿舍同学朋友。参加兼职工作最好结伴而行，尽量避免晚上八点半后外出工作，若不得不外出做兼职，在此之前应向同学说清回来的时间和工作地点、工作联系方式、回校时间等情况，如当晚有其他情况晚归，需打电话向宿舍人员说明。

做兼职工作时，大学生不要轻信企业过高的承诺、宽松的条件，警惕收费要求，不轻易出示证件给招聘单位作为抵押，做到心明眼亮；不要随意接受别人的馈赠，避免单独与公司工作人员长时间交谈，不要轻易将自己的个人信息（如家庭电话号码、身份证号码等）告知他人，以防患于未然。

求职面谈要注意安全。切记清楚告诉家人或亲友面谈的时间和地点；初次面试尽量不饮用点心或饮料；注意面试场地的外观与对外通道；注意观察面试者之言行举止，如有暧昧不清，应立即离开；如需缴交证件，只能交影印本而不应给原件；求职面谈时，最好有友人相伴，并备有适当的防范器物。

要有选择性地找兼职工作，找锻炼自己的岗位，不要只是贪图高工资，要注意安全风险，不从事相对危险的工作，始终将自己的安全放在第一位。

二、保障自己的权益不受侵犯

大学生兼职过程中可能会受到不公正待遇，在这个时候大学生要学会运用法律手段维护自己的合法权益，切不可一味忍气吞声，给违法犯罪分子可乘之机。

1. 侵害大学生权益的违法手段

（1）不良中介。

目前，中介市场鱼龙混杂，存在许多不规范的现象，他们主要是以违规收取中介费、出售虚假信息为主，甚至找出各种理由推卸没有找到工作的责任，拒绝退还或少退中介费。还有就是拖欠工资，在用人单位不发放工资的时候，中介就会以各种理由推卸，转移责任，将学生像皮球一样踢来踢去，学生的合法权益无法维护。再者就是骗取钱财，有的中介公司甚至只收中介费而不介绍工作或介绍已经过时的或根本就不存在的信息，更有甚者，骗了中介费后溜之大吉。

（2）广告的诱惑和变相收费。

大学校园里的招聘广告随处可见，特别是寒暑假将至，“高薪聘请”、“公司急招，待遇从优”等广告漫天飞舞。广告诱惑和变相收费等也是一种损害大学生兼职权益的手段，这些广告中也不乏许多虚假信息，大学生寻求兼职时一定要小心提防。

（3）变相廉价使用大学生劳动力。

有些用人单位缺乏社会责任感，他们仅仅把勤工助学的大学生作为廉价劳动力在使用，许多大学生在兼职过程中被逼迫做许多超出劳动报酬的工作，有时甚至处于危险之中，人身安全得不到保障。

2. 大学生权益受到损害的原因

（1）学校对勤工助学管理不规范。

在对勤工助学特别是校外勤工助学的管理与实施中，许多学校的学生管理部门，面临着管理人员少、管理层次多的问题，没有把勤工助学管理工作真正落到实处。在校学生在校外从事勤工助学以及在校外勤工助学后正当权益受到侵害的时候，学校的相关部门一般是无暇采取措施帮助学生维护利益。

（2）制度或相关法律监管不到位。

目前我国相关法律部门和学校对在校大学生的勤工助学的监管几乎处于真空状态。多数学生只是想找一份勤工助学的工作挣点收入，然而当他们的合法权益受到侵害请求劳动部门维权时，大都得到的是“不属于劳动法调解的事，我们无能为力”的答复。

（3）用人单位以及中介的欺诈行为。

一些用人单位利用大学生急于求职的心理，在招聘中采取种种欺骗手段，如以试用期的名义，盘剥大学生；向应聘大学生收取风险抵押金、培训费、建档费等各种不合理费用；招聘时以高薪为诱饵，进入单位后却违背承诺；甚至利用考试等形式，将大学生劳动成果无偿占有。

（4）大学生法律及社会常识的缺乏。

劳动力供大于求，而大学生又缺乏法律意识。他们对劳动法及其相关的法规，对劳动合同，对自己应该享有的权益了解太少、懂得太少，而现在社会上一些并不合法的潜规则却被大家接受。因此，他们的合法权益容易受到侵害。

3. 维护大学生合法权益

（1）建立健全法律法规。在校大学生权益不断受到侵害，其最主要的原因是中介市场的混乱和缺乏必要的法律法规的约束。国家相关部门应该采取相应措施，改变在校勤工助学大学生的不平等地位，健全社会保障制度，进一步发挥劳动检察职能。

（2）学校要加强教育和引导。大学生社会阅历少，思想单纯，缺乏自我保护意识，一旦自己的权益受到损害，不懂得如何运用有效的手段或借助一定的途径来维护自己的正当权益。学校可以设立一些类似于像社会上维护消费者权益一样的、以维护学生利益为主的组织机构或活动，以此来为学生解决一些实际的困难。同时还可以设立机构，正确引导，加强对勤工助学的指导与管理，保证勤工助学活动的健康开展。

（3）当产生涉及劳务双方权益纠纷时，学生应及时向自己所在的学校反映，学校要积极协调解决问题，维护学生的合法权益。切不可盲目轻信高工资、高待遇、熟悉的人或单位，警惕传销陷阱，提高自我防范意识。一旦发现异常，应设法借故离开，并及时与学校联系，必要时可直接拨打110报警。

（4）学生应该增强自己的维权意识，熟读国家相关维权的法律法规，在自己的权益遭到损害的时候运用法律武器来维护自己的合法权益。

（5）学校在大学生遭受权利侵犯的时候要及时地帮助大学生走出心理误区，同时运用相关法律帮助大学生维权。

第三节　注意实习工作安全

生活中每个人都在追求自己的幸福，都在尽力实现自己的人生价值，都想有一份理想的职业。就业、工作是每个人走到一定的人生阶段不可避免的人生话题，大学生从迈进学校的那一刻起，就在为自己的人生目标不懈地努力，学习、工作，然后为社会作出自己的贡献。

然而，对于长期在学校中成长学习的大学生来说，没有经过社会的磨炼，没有经历过社会的坎坷，在潜意识中没有对社会不安全因素的防范意识，这样走入社会的大学生往往成为众多社会不安全因素困扰的对象。从学校走入社会、由学生转变为社会人，在这个过程中大学生会遇到各种各样的问题与困难，甚至某些问题会长久地困扰大学生的工作、生活。大学生刚刚走出校门或者还没有走出校门就遭遇就业欺诈，对于大学生来说损失的不仅仅是钱财，这还将直接影响他们的心理和以后就业，对于他们形成正常的人格心理将产生消极影响，甚至产生对社会的畏惧感。因此，如何保证大学生就业安全就成为一个迫切需要解决的问题。

一、防止误入传销组织

传销，自20世纪90年代传入我国后，一些不法分子顺风跟进，他们打着直销的招牌，招摇撞骗，怂恿被游说的对象交纳高额入会费或认购高昂的假冒伪劣商品，加入到传销队伍中来。在整个传销网络中，真正受益的只是那些处在传销“金字塔”网络顶端的极少数人，绝大部分传销人员不仅没有挣到钱，到最后反而血本无归，有的甚至倾家荡产、妻离子散。

1. 传销的含义

中华人民国和国国务院第444号公布的《禁止传销条例》中定义了传销的含义：传销是指组织者或者经营者发展人员，通过对被发展人员以其直接或者间接发展的人员数量或者销售业绩为依据计算和给付报酬，或者要求被发展人员以交纳一定费用为条件取得加入资格等方式牟取非法利益，扰乱经济秩序，影响社会稳定的行为。

2. 大学生应该警惕的传销常用手段

尽管国家三令五申严厉打击，可是以暴利为诱饵欺骗他人非法推销劣质或走私商品、大肆偷逃税收的传销活动仍然发展到今天，其手段更加隐蔽，危害性也更大，而且还有融入黑社会乃至向经济邪教发展的趋势。那么，非法传销的魔力到底在哪里？通过对传销培训教材的曝光，彻底展示了传销组织完整的欺骗链条。这些教材不仅极富煽动性和欺骗性，而且具有很多心理学的要素，极易诱人上当。教材编织的链条程序大体是这样的：要把新人骗进传销组织，程序大致分为列名单、电话或书信邀约、摊牌、跟进、直至胁迫加盟一系列步骤。

（1）揣摩心理列名单。

所谓列名单，也就是盘算一下，哪些人是可以骗来的对象。传销人员的笔记中这样写道："在这里面包括这样几类对象：亲戚类，兄弟姐妹；朋友类，同学、同事、同乡、同宗；邻居类，前后左右邻居；其他认识的人，如师徒、战友等。"总之，那些急于改变现状的人，是传销组织网罗的主要人选。

（2）巧言邀约设骗局。

列好名单后就该进行第二步——邀约。通过写信或打电话等方式，邀请别人加入。他们深知传销的名声太坏，在教材中就规定了打电话时的"三不谈"，即不谈公司、不谈理念、不谈制度。总之，不谈传销的真相。只是根据对方的心态、特长、背景等特点，给出一个甜蜜的诱惑。为了提高骗人的成功率，教材上连打电话时的语气都规定好了。谈话的时候兴奋度要高，语言要清晰，语气肯定不含糊，给对方以信任的感觉，说出的话具有一种神秘感，让对方无据可查，不正面回答对方的提问，不具体解释自己的话题等。

在上述种种游说和谎言的欺骗下，如果对方被说动了心，愿意加入，下一步就是接站。

传销组织对接站的整个程序乃至神态和衣着也有明确规定。传销组织接站人一进车站与对方见面的时候，多是热情地跑上去几步，要先握手。同时，一定要衣着光鲜，比如打着领带的时候，人家就会感觉到你肯定是有一定的社会地位。引导来者上车的时候，首先告诉他们说先洗洗尘，然后，到酒店里吃点便饭，使新来乍到的人觉得这个朋友真好，没进门先给一个很温暖的感觉。

（3）摊牌洗脑。

不管前面说得如何天花乱坠，美丽的谎言总要被揭穿，传销组织把这叫“摊牌”。传销教材上把摊牌的时间规定为听课前的5分钟。这时候，对方已无法脱身。摊牌后，如果对方去听了课，迷迷糊糊，将信将疑时，传销组织就进入了第3个阶段——跟进洗脑。跟进的具体方式是把你关在屋子里，一大帮人围着你讲他们怎么发了财，让你满脑子里想的都是财富。

（4）威胁或跟踪。

如果给对方进行了听课、跟进这种传销组织主要的洗脑工作后，对方头脑仍然清楚，看穿骗局，那么传销组织就会变了一副面孔，进行威胁或跟踪。

（5）胁迫加盟。

对方如果不愿加入，传销组织就一直跟着他，而且威胁说，不交钱的话，那么可能出不了这个房子。这种手段是很卑鄙的。在这种情况下，受骗上当的人走投无路，就投入传销，再进行欺骗，这样，下一个恶性循环就又开始了。

3. 传销的危害

（1）扰乱市场经济秩序。传销和变相传销违法活动往往伴随着偷税漏税、制假售假、走私贩私、非法集资、非法买卖外汇等大量违法行为，这不仅违反了国家禁止传销和变相传销的规定，还违反了税收、消费者保护、市场秩序管理、金融等多个法律规定。

（2）给参与者及其家庭造成伤害，对社会道德、诚信体系造成巨大破坏。传销和变相传销给参与者造成经济损失的同时，给其家庭也造成巨大伤害，传销让家人反目，让家人痛不欲生。有多少家庭因为传销妻离子散，天人两隔，找不到回家的方向。

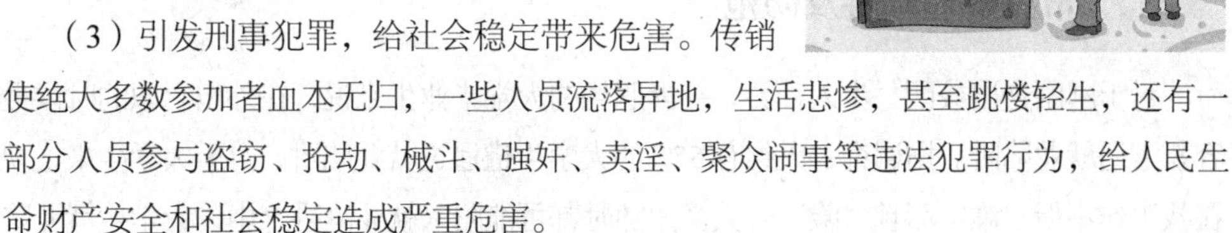

（3）引发刑事犯罪，给社会稳定带来危害。传销使绝大多数参加者血本无归，一些人员流落异地，生活悲惨，甚至跳楼轻生，还有一部分人员参与盗窃、抢劫、械斗、强奸、卖淫、聚众闹事等违法犯罪行为，给人民生命财产安全和社会稳定造成严重危害。

4. 对于传销欺诈的预防

（1）确保就业信息的真实。

随着大学生就业社会化程度的提高，各种报刊和人才市场上的用人信息越来越多，而且真伪难辨，这就需要相关管理部门有所作为。对用人单位的基本情况、商业道德进行实地考察，避免有名无实。对于不能提供单位营业执照、联系人情况以及资料有疑点的用人信息，不能向学生发放，以防止虚假用人信息流向学生。这样，才能保证大学生有一个可靠的就业环境。

（2）规范招聘市场。

如今一些招聘会良莠不齐，招聘单位的诚信度应引起足够重视，特别是一些非法招聘和“假招聘”，不但耽误了大学生的就业机会，还直接伤害了大学生的心理，使得求职大学生们对招聘会的信任度大大降低。对此情况，政府有关部门应及时出台相关制度规定，规范企业的招聘行为，而且监督管理应形成合力，坚决打击非法招聘和“假招聘”行为，这样才能从根本上规范人才招聘会，为大学生就业和求职者择业带来福音。

（3）学校加强防范知识宣传。

学校要在平时加强这方面知识的宣传，定期开展学生就业知识方面的讲座，增强学生的就业素质，培养大学生运用法律维护自己权益的意识。

（4）大学生加强防范意识。

大学生也要加强防范意识，转变错误就业观念，学习相关预防知识，加强对传销欺诈的预防。

（5）国家加强对传销的打击力度。

国家要加强对传销的打击力度，加强宣传，必要时制定相关法律维护受害者的合法权益。

（6）大学生不要感情用事。

传销公司一般是熟人找熟人。有句俗语“朋友不言商”，这话有一定的道理，不要因朋友感情害了自己。有的人，只要朋友邀请，就什么都不问，不明不白地跟着干，结果是陷入迷局，不能自拔。

二、常见就业陷阱及防范

对于刚刚走出校园，步入社会，初涉职场的大学毕业生来说，在外出求职的时候最容易遭遇就业陷阱。据调查，大约有55%的大学生遭遇过就业陷阱，对于大学生来说现在找工作不但“难”而且“险”，大学生随时都可能陷入就业陷阱之中。大学生就业陷阱是指招聘单位，或者其他机构或个人，利用大学生的社会经验不足、自我保护意识差、就业竞争激烈等，以提供就业机会为诱因，采用违法悖德等手段，与大学生达成权利与义务不相等的各类就业意向，来侵害大学生合法权益的现象。因此，对于刚刚或者即将走出大学校园的大学生来说，知晓必要的求职知识对于预防就业陷阱很有必要。

1. 就业陷阱的表现特征

当前大学生就业陷阱主要表现出以下4个典型的特征。

（1）诱惑性。主要表现为招聘单位着力包装，夸大事实，并以单位各种招牌、荣誉、高薪、待遇和发展前景来诱惑大学生，从而达到欺骗大学生的目的。

（2）违法性。就业陷阱一般都具有违法性，主要表现在：有些是为留住人才而扣留大学生的户口、证件等；有些则迫使大学生签下"卖身契"；另外还有就是坑蒙拐骗，使大学生掉进违法分子挖下的高薪陷阱、培训陷阱、中介陷阱。

（3）隐蔽性。违法用人单位的各种伎俩都有十分华丽的诱人说辞，听起来入情入理，面面俱到，句句都令人心动，其实处处布下陷阱。涉世不深的大学生十分单纯，难辨真假，很快就成为猎获的对象。

（4）欺骗性。主要表现为招聘单位以攻势强劲的虚假宣传、信誓旦旦的不切实际的承诺来取得大学生的信任和很高期望，然后在协议中提出苛刻条件，隐藏不法目的。

2. 就业陷阱的类型

（1）传销陷阱。很多的犯罪分子抓住了学生一味谋求高薪的漏洞，用高薪诱惑学生上当。甚至部分单位是利用大学生这一心理来进行传销，达到他们不可告人的目的。

（2）培训陷阱。许多用人单位会以各种理由收取大学生就业者各种不合理费用，包括风险押金、培训费、置装费、建档费等，往往大学生交了钱之后却得不到用人单位的许诺。

（3）职位陷阱。很多的广告上说的是要招聘经理等高级职位，但是在学生交纳了一定的费用后，却发现到了公司是从基层做起，在一定的任务没有完成的时候就借口辞退你。这就是用所谓的好工作套住你，实际上是让你什么也得不到。

（4）工资陷阱。工资是一个很模糊的概念，所以毕业生在找工作的时候，不要只看表面工资多少，最好还是要问清楚具体内容。工资包含的内容很多，比如福利、保险、奖金等。而有的单位在招聘的时候，只说基本工资，其他如奖金、福利、保险等根本不包括在内。而有的单位尽管开的工资不低，可是保险等需要扣除的项目也都包括在内，在东扣西扣之后，最后支付给你的钱就所剩无几了。

（5）智力陷阱。有些单位按程序假装对应聘毕业生进行面试、笔试。在面试、笔试时，把本单位遇到的问题以考察的形式要求前来应聘者作答或设计，然后再找出各种理由推辞，结果无一人被录用，而将应聘者的劳动果实据为已有，比如大学生的程序、广告设计方案等。

（6）协议（合同）陷阱。不少单位在试用期间就不再签订劳动合同，所以常常会出现学生在试用期间要跳槽，按照劳动法不需要承担违约责任，而单位则以就业协议为依据向学生提出索赔要求。

（7）试用期陷阱。一部分用人单位正是利用试用期大做文章，主要表现为：在试用期内无正当理由辞退毕业生；以见习期代替试用期；约定两个试用期；续签劳动合同时重复约定试用期；将试用期从劳动合同期限中剥离；仅仅订立一份试用期合同；试用期工资低于当地的最低工资；试用期内单位不缴纳社会保险费等。

3. 防范就业陷阱应该采取的措施

（1）政府应严格审查用人单位进入毕业生就业市场的资格，严格规范就业市场秩序，同时也应对用人单位招聘工作进行一定程度上的引导和监督，使国家的有关法规和政策得以施行，创造良好的双向选择的人才市场环境。学校要加强对大学生劳动法规和大学生就业政策的教育。学校要加强对在校大学生，尤其是对应届毕业生进行有关法规政策的教育，为毕业生顺利走上工作岗位保驾护航。学校的就业指导应以务实为原则，加强就业政策、就业观念、就业心理、就业实践、就业技巧等方面指导，做好就业跟踪。对毕业生在求职中可能遇到的陷阱的识别、处理进行分析和教育。

（2）大学生到职业介绍机构找工作时应该尽量到劳动保障部门设立的人力资源市场或信誉良好的私立职业介绍机构，交纳相关职业介绍费用前，要以书面形式明确双方的权利义务，如收取多少费用，对工种、用人单位情况的详细要求，服务期限长短等，以避免给不良职介可乘之机或引起不必要的争议。

（3）转变就业观念，不要一味地追求高工资、高收益，不要刚开始工作就要求高的工作岗位，要脚踏实地，从小事、从最基本的做起。不要急于应聘一家用人单位，要冷静观察该单位的经营场所，是否有实质性的经营，是否有实质性的、与经营有实质意义的工作内容。

（4）观察面试官和公司环境。要多看、多注意细节性的环节，了解用人单位的情况。相由心生，以貌取人有时候也是可取的。观察公司环境主要考察公司地理位置、基本办公设备、员工人数等。面试任何公司之前都到百度里搜索一下相关信息、评论。搜索的内容可以包括公司电话、公司名称等。毕业生在签约前，最好到用人单位进行实地考察，对用人单位的运行情况、拟安排的岗位、工作条件、用工制度及工资、住房、养老保险等各项待遇进行详细了解，切忌草率从事。

（5）有些用人单位在招用人员时，有意无意模糊招聘信息，比如关于工资待遇、试用期方面的许诺条件等，招聘时许诺高薪，上班了却发现不是这么一回事，导致产生纠纷。因此毕业生要提高自我防范认识，防止上当受骗，凡事多个心眼，多问几个为什么，在签订协议时，相关细节一定要核实清楚并留下证据，以防止用人单位在木已成舟后变卦，导致自身权益受到侵害。

三、职业发展与安全

职业发展规划或职业计划，是一个人制定职业目标，确定实现目标的手段的不断发展过程，它是个人一生中在事业发展上的战略设想和计划安排。职业发展规划设计的关键在于个人的职业目标和现实。职业发展规划设计是一个有机的、动态的、逐步展开的过程，在职业发展的早期，人们一般会有一个职业目标和实现目标的手段设想，但是在实际的工作过程中，人们的每一次经历、每一种职业体验以及由于年龄的增长而引起的价值观和需要的变化，都会导致对自我的重新认识，从而会修正自己的职业目标，因而职业规划就会相应发生适当的变化。总之，大学生要重视求职安全，加强防范，为自己迈入社会踏出坚实可靠的一步，让自己的阅历更加丰富，为自己的生活打好基础。大学生对待职业发展与安全应该采取以下几种方式。

（1）积累经验，夯实基础。在校期间多参加社会实践活动，积累必要的社会经验，为自己未来的职业规划打下坚实的基础。

（2）学习相关法律法规，维护自己的合法权益。大学生在校期间应该多学习与自己未来就业相关的法律知识，在未来求职过程中遇到职业陷阱时，可以通过自己的法律知识维护自己的合法权益。

（3）学习专业知识，提高技能。大学生在校期间要以学业为主，多掌握自己的专业技能，为自己的未来职业做好准备，只要拥有高技能，就会被好的用人单位录用。

（4）树立正确的人生观、就业观。不要以为去基层、去偏远地区就没有出息，只要你肯努力、肯付出，一定会成功，在基层同样会为社会作出贡献。

（5）虚心听取成功人士的就业指导。大学生职业规划过程中，听取部分成功人士的有效意见是很有必要的，他们的经验可以帮助你少走很多弯路。

思考题

1. 当前大学生开展顶岗实习有何重要意义？

2. 在外出做兼职的时候我们要怎样维护自己的合法权益不受侵害？

3. 试结合实例分析传销的形式、实质和危害，以及大学生如何防止传销陷阱。

4. 大学生在签订就业合同时应该注意哪些问题？发生纠纷时应该怎样维护自己的合法权益？